AF249208

MESURE CLINIQUE

DE LA

TENSION ARTÉRIELLE

INSTRUMENTATION — TECHNIQUE — RÉSULTATS

PAR

le Dr Louis-Albert AMBLARD

ANCIEN INTERNE DES HOPITAUX DE PARIS
MEMBRE DE LA SOCIÉTÉ DE MÉDECINE DE PARIS
MEMBRE CORRESPONDANT DE LA SOCIÉTÉ ANATOMIQUE DE PARIS
MEMBRE CORRESPONDANT DE LA SOCIÉTÉ DE THÉRAPEUTIQUE
MÉDECIN CONSULTANT A VITTEL

A. MALOINE
25-27, RUE DE L'ECOLE DE MÉDECINE
PARIS

MESURE CLINIQUE

DE LA

TENSION ARTÉRIELLE

DU MÊME AUTEUR

Anévrysme de la crosse de l'aorte avec syndrôme d'Avellis, *Bullet. et Mém. de la Soc. Anatom. de Paris*, janvier 1905.

Mort subite par œdème pulmonaire suraigu au cours d'une périamygdalite phlegmoneuse. *Gaz. des hôp.*, 21 août 1906.

Émotion et mort subite. *Journ. des Prat.*, 1907, en collab. avec M. H. Huchard.

Diabète glycosurique et méningite tuberculeuse. *Journ. des Prat.*, 3 nov. 1906.

Crises d'hypertension artérielle au cours de la fièvre typhoïde, leur valeur pronostique, en collab. avec M. Huchard. *Rev. de Méd.*, 1907.

Anévrysme de l'aorte thoracique rompu dans la plèvre gauche. *Bull. et Mém. de la Soc. Anatom. de Paris*, 1907.

Mort subite chez les emphysémateux atteints d'artérite coronarienne, *Journ. des Prat.*, 1907.

Rétrécissement mitral et hémiplégie gauche avec aphasie chez un hystérique gaucher. *Gaz. des Hôp.*, 19 mars 1907.

Hémiplégie gauche avec aphasie, et myoclonie chez une gauchère, en collab. avec M. Gasne.

Diabète et méningite cérébro-spinale à pneumocoques. *Arch. gén. de médec.*, 11 septembre 1907.

Asthme chez le vieillard. *Journ. des Prat.*, 12 janvier 1907. En collab. avec M. H. Huchard.

Torsion d'une anse intestinale dans une poche herniaire de la paroi abdominale consécutive à l'ablation de l'appendice, mort subite par étranglement. *Arch. gén. de méd.*, 24 juillet 1906.

Méningite tuberculeuse chez un adulte avec urémie terminale. *Journ. des Prat.*, 28 juillet 1906.

Action diurétique du formiate d'éthyle. *Journ. des Prat.*, 1906.

Cancer extrinsèque du larynx. *Bull. et Mém. de la Soc. Anatom. de Paris*, mai 1905. En collab. avec M. Delval.

Le menthol dans les gastropathies. *Journ. des Prat.*, 1er décembre 1906.

Fibrôme de la capsule du rein. *Bull. et Mém. de la Soc. Anatom. de Paris*, 1906.

Volvulus et péritonite latente. *Bullet. et Mém. de la Soc. Anat. de Paris*, 1906.

Variations quotidiennes des tensions artérielle et artério-capillaire chez les Artério-scléreux hypertendus en cours de traitement. *Thèse*, Paris 1907.

Variation de la pression artérielle et artério-capillaire. *Congr. de Rome*, 1907.

La pression artérielle chez les artério-scléreux. *Rev. di therapia fisica*, 1907.

Les variations de la pression vasculaire chez les artério-scléreux. *Journ. de Physioth.*, 1908.

Mesure de la pression artérielle. *Bull. Soc. Thérap.*, 1908.

Le « Sphygmométroscope ». *Journ. des Prat.*, 1908.

Mesures de la pression artérielle. *Bull. de Thérap.*, 1908.

Variations de la tension artérielle. *Gaz. des Hôp.*, 1907.

Mesures de la tension artérielle. *Trib. Méd.*, 1907.

Le Travail du Cœur en Clinique. *Gaz. des Hôp.*, 1908.

Appareil pour mesurer les tensions artérielles et artériolaire. *Bull. de la Soc. de Biologie*, 1908.

Mesure clinique de la tension artérielle. *Journ. de Physioth.*, 1909.

Les lésions de l'orifice aortique par hypertension artérielle. *Journ. des Prat.*, 1909.

Le traitement actuel de la goutte. *Arch. gén. de Méd.*, 1908.

Indications de la cure de Vittel. *Journ. des Prat.*, 1908.

MESURE CLINIQUE

DE LA

TENSION ARTÉRIELLE

INSTRUMENTATION — TECHNIQUE — RÉSULTATS

PAR

le Dr Louis-Albert **AMBLARD**

ANCIEN INTERNE DES HOPITAUX DE PARIS
MEMBRE DE LA SOCIÉTÉ DE MÉDECINE DE PARIS
MEMBRE CORRESPONDANT DE LA SOCIÉTÉ ANATOMIQUE DE PARIS
MEMBRE CORRESPONDANT DE LA SOCIÉTÉ DE THÉRAPEUTIQUE
MÉDECIN CONSULTANT A VITTEL

Préface de M. le Dr H. HUCHARD

MÉDECIN DE L'HOPITAL NECKER
MEMBRE DE L'ACADÉMIE DE MÉDECINE

PARIS

A. MALOINE, ÉDITEUR

25-27, RUE DE L'ECOLE DE MÉDECINE

1909

PRÉFACE

Paris, le 25 février 1909.

La mesure clinique de la tension artérielle !...

Rien n'est plus facile et difficile à la fois ; très facile avec de petits appareils simples, trop simples, ne donnant que des renseignements infidèles ou inexacts ; très difficile avec des instruments compliqués, impropres à la clinique et seulement applicables aux travaux de laboratoire. De sorte que mes élèves, depuis le jour déjà éloigné où je me suis occupé de cette question, m'ont souvent entendu leur dire : De tous les sphygmomanomètres cliniques, le meilleur ne vaut presque rien. Ils se sont alors mis à l'œuvre et deux d'entre eux. en même temps et sans s'être consultés, M. le Dr L.-A. Amblard, mon ancien interne, et M. le Dr A. Lagrange, sont arrivés à imaginer deux excellents sphygmomanomètres, commodes à manier en clinique, laissant loin derrière eux tous les autres petits ou grands appareils, et donnant des résultats se rapprochant aussi complètement que possible de l'évaluation exacte de la tension artérielle.

Sans doute cette mensuration clinique de la pression sanguine ne sera jamais parfaite, et il en est d'elle comme de la vérité absolue qui n'existe pas, même en science, comme l'a dit Claude Bernard. Mais, il nous suffit de savoir que le *sphygmométroscope* de M. Amblard répond à tous les besoins de la clinique et de la thérapeutique.

Pendant vingt années, en insistant sans cesse sur l'importance de la sphygmomanométrie dans toutes les maladies, surtout dans les affections cardiaques et dans les cardiopathies artérielles, j'ai un peu prêché dans le désert. Mais, comme l'esprit humain ressemble à un homme ivre à cheval, retombant d'un côté quand on le relève d'un autre, on en est venu ensuite à exagérer singulièrement le rôle de l'hypertension artérielle dont j'avais de nouveau signalé les dangers dans mon rapport récent de 1906 au Congrès international de Lisbonne. Il n'en est pas moins vrai que cette hypertension est un signal d'alarme, et que dans le stade de *présclérose* que j'ai décrit, elle peut mettre sur la trace d'une cardiopathie artérielle au début et sur la piste d'une médication appropriée. Car, la thérapeutique s'empare de cette notion pour prévenir certains accidents, mais nullement pour faire rétrocéder les lésions artério-scléreuses ; et aujourd'hui même (20 février 1909), je renouvelais, une fois de plus, dans le *Journal des Praticiens,* cette importante affirmation : « Supprimer un symptôme, ce n'est pas guérir une maladie ; élever la pression sanguine presque toujours amoindrie chez les phtisiques, ce n'est pas guérir la phtisie ; supprimer l'hypertension artérielle et oculaire, ce n'est pas guérir un glaucôme. »

Restons donc dans les sereines et modestes régions de la vérité pour ne pas prêter des armes à des affirmations imprudentes sur la guérison prodigieusement rapide de l'artério-sclérose, affirmations qu'un auteur américain a dernièrement appelées du nom de « réclames extravagantes... ».

Le livre de mon distingué ancien interne, M. Amblard, a su éviter ce grave écueil, en restant une œuvre de bonne foi.

A ce titre, il sera utile, même indispensable à tout praticien qui voudra connaître dans divers chapitres dont j'ai à peine besoin de recommander la lecture : la définition de la tension artérielle, l'utilité de sa mesure aussi exacte que possible à l'aide d'instruments perfectionnés, la critique des divers appareils employés jusqu'à ce jour avec leur classification, enfin la description et la technique des appareils les plus usités. Et le meilleur éloge que nous puissions adresser à cette œuvre, c'est son utilité ; c'est encore le grand service qu'elle rendra certainement aux praticiens. Ils se joindront à moi pour en remercier et en féliciter l'auteur.

H. HUCHARD.

INTRODUCTION

« Commencée depuis de longues années et à peine ébauchée en clinique, l'étude de la tension artérielle dans les maladies, et surtout dans les affections du cœur, présente un intérêt pratique de haute valeur.

« Question importante, elle s'impose à l'attention dans un grand nombre d'affections disparates, elle est la clef de la pathologie cardiaque, la source féconde d'indications et de succès thérapeutiques, puisque l'action du cœur est souvent liée à la pression sanguine ; raisons suffisantes pour justifier la place donnée à cette étude avant celle des cardiopathies. »

C'est par ces deux phrases que M. Huchard commençait le premier volume du *Traité clinique des maladies du cœur et de l'aorte*, dans l'intention de mettre ainsi en évidence le rôle joué par la pression sanguine dans les cardiopathies dont cette notion nouvelle ne devait pas tarder à modifier profondément la classification et le traitement.

L'importance accordée à la connaissance de la tension artérielle est actuellement telle que chaque jour un nouveau travail vient préciser soit les causes de ses variations, soit leur signification diagnostique et pronostique. Tel médicament, tel régime alimentaire, tel traitement mécanothérapique, physiothérapique, hydrothérapique modifie-t-il la valeur de cette pression sanguine, et dans quel sens ? Autant de questions qui sont journellement discutées, parfois avec âpreté.

Bien des désaccords pourraient, semble-t-il, être évités si la mesure clinique de la tension n'était elle-même si délicate, si les appareils qui permettent de l'obtenir n'étaient aussi imparfaits ; enfin, si, dans la publication de leurs recherches, les auteurs relataient toujours l'instrument auquel ils ont accordé la préférence.

L'imperfection de l'instrumentation et de l'appréciation des facteurs différents de la circulation s'ajoutent pour provoquer une confusion regrettable, entraver les recherches, et retarder la solution d'une question cependant fertile en renseignements utiles.

Alors qu'en France, et jusqu'à ces dernières années, le sphygmomanomètre de Potain était, pour ainsi dire, le seul usité, divers auteurs étrangers, considérant cet appareil comme insuffisant, ont construit des instruments basés sur des principes différents et susceptibles de fournir des résultats plus précis et plus complets.

Désirant faire œuvre pratique, nous avons commencé notre étude en rappelant ce qu'est la tension artérielle ; nous avons ensuite exposé brièvement les renseignements pratiques que l'on peut retirer de ce nouveau mode d'exploration clinique, notamment pour la mesure de la pression dans les cardiopathies artérielles, et l'appréciation du travail du cœur.

Nous avons terminé en donnant une description rapide

des instruments proposés jusqu'à ce jour pour mesurer la tension au lit du malade. Et après avoir exposé les critiques auxquelles donnent lieu les principes sur lesquels reposent ces appareils et leur mode plus ou moins parfait d'application, nous avons rappelé la technique de la mesure de la tension artérielle telle que chaque inventeur l'a décrite lui-même pour son propre sphygmomètre.

L'exposé clinique que nous développons ici est le résultat d'études poursuivies pendant plusieurs années à l'hôpital Necker sous la haute et bienveillante direction de notre maître, M. Huchard, à qui nous exprimons notre très profonde reconnaissance.

Nous remercions aussi vivement M. le Pr Pachon, à l'obligeance et aux lumières duquel nous avons très souvent eu recours pour la partie physiologique de notre étude.

PHYSIOLOGIE DE LA PRESSION ARTÉRIELLE

DÉFINITION DE LA TENSION ARTÉRIELLE

La circulation du sang obéissant absolument aux lois de l'Hydrodynamique, il est nécessaire, avant d'aborder la mesure de la tension artérielle, de bien connaître ces lois, et d'avoir recours à la Physiologie qui nous renseigne exactement sur les valeurs que nous désirons mesurer, sur les principes qui ont dirigé les inventeurs dans la construction de leurs appareils, et nous permet d'accepter une terminologie indiscutable.

Qu'est-ce que la tension artérielle?

« L'action impulsive du cœur, dit Marey, se transforme dans les artères en une autre force qui a pour caractère d'être plus constante et qui a pour origine le retrait des artères distendues au moment de l'arrivée de chaque ondée nouvelle. Cette force a reçu le nom de tension artérielle. Il importe de bien se rendre compte de la manière dont elle se produit.

« Supposons que le système artériel soit vide de sang et pour ainsi dire affaissé sur lui-même, qu'à ce moment le cœur se mette à battre de manière à envoyer dans les artères des ondées égales en volume, en force impulsive, et revenant à intervalles réguliers. Les premières ondées qui pénétreront dans les artères commenceront à les remplir, mais les distendront peu, à cause de la grande capacité que ces vaisseaux offrent dans leur ensemble. Le sang se logera donc à peu près tout entier dans le système artériel et il ne s'écoulera par les capillaires qu'une très petite quantité, parce que la force de retrait des artères sera encore très faible. Mais, à mesure que les artères se rempliront, leur force élastique, ou la *tendance qu'elles ont de revenir sur elles-mêmes*, ira en augmentant. Cette force, qui est la *Tension artérielle*, poussera le liquide vers les capillaires avec plus d'énergie que tout à l'heure, et la quantité de sang qui s'écoulera deviendra de plus en plus grande. Par conséquent la quantité qui restera dans le système artériel, après chaque systole du ventricule, diminuera de plus en plus. La tension artérielle ira donc toujours en croissant jusqu'au jour où elle deviendra suffisante pour faire écouler entre deux systoles du cœur, une quantité de sang égale à celle que lui envoie chacun de ses afflux. A ce moment, la tension aura atteint un degré auquel elle s'arrêtera, ou plutôt autour duquel elle oscillera, s'élevant légèrement à chaque ondée qui arrive, pour s'abaisser ensuite par le fait de l'écoulement à travers les capillaires, s'élèvera encore à la prochaine contraction du ventricule, s'abaissera de nouveau, et ainsi de suite. Ce que nous savons de l'influence que la contractibilité des petits vaisseaux exerce sur le passage plus ou moins facile du sang des artères dans les veines, nous fait prévoir que, sous l'influence de cette propriété, la tension des artères variera beaucoup. Si les petits vaisseaux se relâchent, le sang s'écoulant des artères plus facilement et plus vite, s'y accumulera en quantité moins grande ; dès lors la tension artérielle sera moindre ; si les petits vaisseaux se contractent, le sang les traversera moins rapidement et la tension artérielle s'élèvera.

« La tension artérielle n'e t en définitive que la force déployée par le cœur, force mise en réserve dans l'aorte et les grosses artères, puis régularisée par l'élasticité de ces vaisseaux.

« Cette force devient à son tour la cause prochaine du mouvement du sang dans l'arbre circulatoire. »

Nous constatons déjà que la tension artérielle est sous la dépendance de plusieurs causes, la résultante de leurs réactions les unes sur les autres : 1º La force impulsive du cœur ; 2º l'élasticité vasculaire ; 3º la résistance périphérique, opposée par les petits vaisseaux ; enfin la qualité du sang, son degré de viscosité plus ou moins accentué joue aussi un certain rôle.

MÉCANISME DE LA CIRCULATION ARTÉRIELLE

I. **Role joué par le cœur.** — Le cœur tend à agir toujours avec la même force ; chacune de ses contractions, si les autres conditions de la circulation ne changent pas, lance une ondée systolique toujours sensiblement égale à elle-même. Mais, lorsque, au contraire, les résistances périphériques se modifient, on voit également le cœur modifier son mode d'action en ralentissant ou précipitant ses contractions.

II. **Role joué par les artères.** — Les artères voisines du cœur sont à prédominance élastique ; celles qui en sont éloignées, à prédominance contractile. Les grosses artères à type élastique reçoivent le sang que le cœur leur envoie en n'exigeant de la part du ventricule que le moins possible de dépense de force. On conçoit facilement le surcroît de travail que la suppression *anatomique* ou *fonctionnelle* de cette qualité nécessitera du cœur. Enfin, l'élasticité des artères, qui n'ajoute, il est vrai, rien à la somme de force qui pousse le sang vers les extrémités, favorise encore le travail du cœur, en diminuant les résistances que le sang éprouve à passer du cœur dans ces vaisseaux. Du seul fait de la diminution de l'élasticité des tuniques artérielles, la résistance à l'écoulement sera donc augmentée.

III. Rôle joué par les artérioles. — Mais c'est surtout l'état de relâchement ou de resserrement des artérioles, dont la contractibilité est telle que l'on peut voir, sous l'influence d'un traumatisme, l'oblitération complète de leur lumière, qui règle la hauteur de la tension artérielle.

Si, en effet, nous disposons un appareil tel qu'une série de tubes verticaux soient branchés sur un tube horizontal fermé à une seule de ses extrémités, muni à l'autre extrémité d'un robinet ouvert largement, nous constatons que la hauteur de l'eau que l'on verse dans ces tubes communiquants varie dans chaque vase, plus élevée dans le vase le plus éloigné du point d'écoulement de l'eau à l'extérieur, et descendant régulièrement de vase en vase, pour atteindre un minimum peu élevé dans le vase placé au voisinage du lieu d'écoulement. Au contraire, modifions la rapidité de l'écoulement en fermant un peu le robinet : La pression monte dans tous les tubes, plus sensiblement dans ceux voisins du robinet. Réduisons encore l'écoulement, et nous constatons que la hauteur de la colonne d'eau dans chaque tube tend à devenir la même, un peu plus basse seulement dans les tubes voisins du robinet.

Cette expérience explique pourquoi la tension artérielle reste sensiblement la même dans toutes les grosses artères et pourquoi l'état de contraction et de relâchement des capillaires joue un tel rôle sur la régulation de la circulation.

« Pour les tubes capillaires, dit Poiseuille, l'écoulement est proportionnel à la quatrième puissance des diamètres des tubes traversés. »

En sorte que ce sont les nerfs vaso-moteurs qui, agissant sur l'état des capillaires, et surtout sur celui des artérioles, modifient constamment, d'un instant à l'autre, les circulations locales périphériques, établissant une sorte de balancement entre la circulation de certains organes entre eux (Wertheimer), entre la peau et les organes profonds, ne modifiant pas sensiblement la tension artérielle lorsque leur action ne se fait sentir que sur un territoire limité, susceptibles au contraire de l'élever brusquement lorsque, par exemple sous l'influence du froid, ils se resserrent sur toute la surface du corps.

Soumises aux influences des vaso-moteurs, d'une part, de l'impulsion cardiaque, de l'autre, influences qui se contrebalançant maintiennent sensiblement au même niveau la tension artérielle, celle-ci, qui n'est en somme que la résultante de ces diverses actions contraires, n'est pas absolument fixe et invariable, mais en équilibre ; et l'on peut concevoir qu'une cause anormale, troublant à la fois et la régulation périphérique en exagérant le tonus vasculaire, et le rythme cardiaque qu'elle accélère, ou laisse accélérer par défaut de frénation, provoquera une hausse de la tension vasculaire, tandis que le cœur se ralentit normalement, lorsque la résistance périphérique s'exagère. C'est vraisemblablement ce qui se passe dans l'artério-sclérose, où la tachycardie coïncide souvent avec l'élévation de la tension artérielle.

Pression maxima. Pression minima. — Supposons que

nous ayons, par une excitation du pneumogastrique, arrêté le cœur d'un lapin, et que nous laissions de nouveau le cœur fonctionner normalement ; la tension artérielle qui était tombée à 0° monte à une certaine hauteur, et arrivée à ce point s'y maintient, oscillant autour de lui.

Toutes ces oscillations sont comprises entre deux points : l'un, le plus bas, représente la tension constante, ou minima, au-dessous de laquelle les oscillations ne tombent jamais, l'autre, le plus élevé, représente la tension maxima, tension que ne dépasse aucune oscillation.

La distance qui sépare la tension maxima de la tension minima constitue la pression variable de Marey, appelée encore amplitude du pouls par Erlanger, et la tension maxima est donc égale à la pression constante, ou minima, augmentée de la tension variable.

Si nous unissons tous les points les plus élevés de ces oscillations, nous observons une courbe qui représente la limite de la pression maxima. De même la ligne qui unit les points les plus bas représente la tension minima, ou cons-tante. Mais ces deux lignes, la plus élevée et la plus basse, ne sont atteintes qu'à certains moments, de systole, pour la supérieure, de diastole, pour l'inférieure.

Car les limites de la systole et de la diastole ne représentent que les limites de l'oscillation cardiaque, et dans les artères deux autres sortes d'oscillations viennent modifier la courbe de la tension, indépendamment des variations systoliques et diastoliques.

Ce sont 1° les oscillations respiratoires ; 2° les oscilla-tions vaso-motrices, d'ordre indéterminé.

Les oscillations respiratoires, dues à des changements de la pression que supportent les régions intra-thoraciques et intra-abdominales de l'aorte pendant les mouvements respiratoires, sont constituées par des oscillations lentes, qui se manifestent surtout dans les grosses artères au voisinage du cœur ; la ligne d'ensemble de la pression s'élève dans l'inspiration, s'abaisse dans l'expiration.

. Les oscillations vaso-motrices sont d'un autre ordre ; Traube et S. Mayer « ont signalé des variations onduleuses de la pression artérielle, variations dont la périodicité est indépendante de la respiration, ne s'accompagne pas de changements de fréquence des pulsations du cœur ; et qui sont sans doute en rapport avec des contractions rythmiques des capillaires. »

On désigne parfois sous le nom d'ondulations de Traube-Hering ces ondulations physiologiques et normales ; c'est là une confusion ; les oscillations de Traube-Héring ne s'étudient que dans des conditions expérimentales particulières, chez le chien, après ouverture large du thorax et de l'abdomen, section des pneumogastriques et des phréniques.

Nous avons insisté sur tout ce qui précède pour montrer qu'il n'est pas physiologiquement exact de dénommer indifféremment la tension la plus haute, tension maxima, ou systolique, et la tension la plus basse, minima, ou diastolique ; attendu que ces termes ne peuvent devenir qu'exceptionnellement exacts, au cours d'une étude de la pression, à ce moment seul où le point de diastole correspond à la ligne de tension minima, et le point de systole à la ligne de tension maxima.

Il s'ensuit également qu'il ne faudra pas être étonné, au cours d'un examen de la tension artérielle à l'aide d'un appareil exact, de voir cet appareil indiquer en quelques instants des tensions différentes de 1/2 degré environ. Aussi un abaissement de pression minima de 1/2 à 1° sous l'influence d'une médication doit-il être considéré comme purement illusoire.

V. Tension moyenne. — Lorsque les physiologistes parlant de la tension artérielle n'emploient pour la caractériser qu'un seul chiffre, 12° par exemple, ils indiquent dans ces cas la tension moyenne du sang dans l'artère ; la force en vertu de laquelle le sang circule à travers les organes, la somme des pressions successives et variables qui régnent dans l'artère entre les points de tension maxima et minima.

Chez les animaux, en effet, Marey put obtenir, grâce au *manomètre compensateur*, la mesure de cette tension moyenne. Chez l'homme, l'emploi de cet appareil qui exige l'introduction de canules dans l'artère, est impossible ; si les sphygmogrammes enregistrent fidèlement les plus minces variations de la tension artérielle, font connaître tous les changements qu'elle peut présenter, ils ne donnent nullement la valeur absolue de cette pression.

Potain tenta de la calculer mathématiquement dans un certain nombre de cas. Hill et Barnard pensèrent, en construisant leur sphygmomètre la pouvoir noter, alors que leur instrument n'indique, en réalité, que la pression minima. Certains instruments nouveaux permettant de connaître les valeurs minima et maxima de la tension (dont la première était seule donnée par les anciens sphygmomanomètres), quelques auteurs, Strasbürger, notamment, crurent pouvoir, des chiffres maxima et minima, déduire la tension moyenne, par moyenne numérique en prenant les demi-sommes de ces deux chiffres. Ce ne peut être là (Marey) qu'un chiffre insignifiant.

« La connaissance de la pression moyenne du sang dans les artères, dit cet auteur, pour avoir quelque utilité, doit nous apprendre avec quelle force moyenne le sang est poussé du côté des capillaires. Ce problème d'Hydrodynamique ne peut être résolu que si l'on tient compte, non seulement des divers degrés de la pression sanguine, mais aussi de la durée d'application de chacun de ces degrés. Supposons, pour fixer les idées, que la pression du sang dans un vaisseau passe alternativement par deux intensités qui correspondraient l'une à 100 degrés, l'autre à 50 degrés ; deux choses peuvent arriver : ou bien la force égale à 100 degrés et la force égale à 50 degrés dureront toutes deux le même temps ; alors la force moyenne sera exactement 75 degrés ; ou bien, au contraire, la force 100° sera appliquée pendant un certain temps (soit une seconde) et la force 50° pendant un temps différent (soit 2 secondes). Alors la moyenne numérique, qui était exacte tout à l'heure, cessera de l'être, car elle représentera une quantité trop forte.

Ce qu'il importe de connaître, ce n'est pas seulement la moyenne numérique, ou l'intervalle qui existe entre les maxima et les minima de pression, mais c'est la moyenne dynamique, de laquelle seule on pourra déduire l'effet que cette pression variable produira au point de vue du mouvement du sang. »

L'étude des résistances périphériques, calculée d'après la connaissance de la tension moyenne obtenue numériquement par la demi-somme des tensions maxima et minima est aussi impossible. Une même tension moyenne,

12 par exemple, peut être fournie par la connaissance de ces trois cas, parmi tant d'autres.

1er cas.	TMx = 14	TMn = 10	TMo = 12
2me cas.	TMx = 18	TMn = 6	TMo = 12
3me cas.	TMx = 16	TMn = 8	TMo = 12

Est-il cependant besoin de montrer que la circulation est loin de se faire, dans les mêmes conditions, dans ces divers cas.

Comme conclusion à cette étude de la tension artérielle, nous retiendrons que :

1º Les appareils qui n'indiquent qu'une seule variété de tension sont insuffisants.

2º La connaissance des tensions maxima et minima, permettant d'apprécier la tension variable, ou amplitude du pouls est nécessaire.

3º La tension moyenne ne peut être fournie par moyenne numérique des chiffres de tension maxima et minima.

4º La tension périphérique artériolaire est également à apprécier vu l'importance considérable qu'elle présente dans la régulation de la tension artérielle.

RENSEIGNEMENTS FOURNIS
PAR
L'ÉTUDE CLINIQUE DE LA TENSION ARTÉRIELLE

Après avoir longtemps été méconnue, l'utilité de la mesure clinique de la tension artérielle s'impose chaque jour davantage. Quels renseignements peut-on, en pratique, tirer journellement de sa connaissance? C'est ce que nous allons essayer d'exprimer brièvement.

Sans insister sur les chiffres que l'on doit accepter comme représentant la valeur de la tension artérielle, chiffres qui varient d'après les derniers appareils, et que nous nous réservons de comparer entre eux, dans un autre chapitre, nous ne traiterons ici que de l'hypotension et de l'hypertension en général, indépendamment de leur valeur numérique absolue.

I. HYPOTENSION ARTÉRIELLE

Il semblerait que la cause essentielle de l'hypotension dût être la diminution de la masse sanguine par une hémorragie brusque. Or, la régularisation de la circulation est à ce point rapide, qu'une quantité considérable de sang peut être soustraite sans qu'une modification appréciable et durable puisse être observée. Il est un fait bien connu que la saignée, dont l'utilité est d'ailleurs incontestable, n'abaisse pas la tension artérielle, ou ne l'abaisse que très peu. Un cinquième de la masse totale du sang peut être soustrait sans abaisser sensiblement la pression artérielle (Tiegerstedt).

Il n'en est pas de même lorsque du fait de la maladie causale, la régularisation de la circulation par les vaso-moteurs ne peut plus avoir lieu. En ce cas la baisse de la tension est rapide. De même les hémorragies faibles, mais répétées, sont susceptibles de procurer un abaissement extrême de la pression vasculaire, abaissement qui peut être durable.

Au cours des maladies infectieuses, tuberculose et fièvre typhoïde notamment, la tension artérielle peut être très abaissée. Nous signalons à ce sujet les très intéressantes recherches d'Oddo sur l'hypotension d'effort dans les convalescences, et, pour leur importance sur le traitement de l'hémoptysie, les crises vasculaires d'hypertension relative, décrites par Barbary au cours de la tuberculose pulmonaire ; les constatations de ces crises hypertensives ayant amené cet auteur à diriger une médication hypotensive contre les accidents hémorragiques, qui, tout au moins en certains cas, seraient sous la dépendance d'une hypertension relative et passagère.

Nous ne faisons également que rappeler les recherches de M. Marfan sur la tension artérielle des tuberculeux et l'importance qu'attache cet auteur à la constatation de l'hypotension chez un sujet ; ce signe devant, en l'absence de tout autre symptôme probant, faire suspecter chez lui une tuberculose latente.

Nous-mêmes, avec notre maître, M. Huchard, avons constaté des crises vasculaires d'hypertension relative et passagère chez plusieurs typhiques ; crises vasculaires s'accompagnant d'un bruit de galop cardiaque ; et nous avons cru pouvoir en faire un signe d'importance séméiologique et pronostique assez grande, leur constatation nous ayant amené à prédire, à plusieurs reprises, des accidents graves (hémorragies intestinales, perforation intestinale), qui se manifestèrent par la suite, le jour même. Il est intéressant de rappeler que dans un cas où les signes cliniques indiquaient une perforation, alors que le sphygmomanomètre ne décelait aucune variation de la tension, la laparotomie ne permit de constater aucune altération intestinale (Briggs).

Dans le cancer de l'estomac, la tension artérielle est particulièrement basse, sans doute du fait de la maladie elle-même, mais aussi des hémorragies que souvent elle provoque.

Dans les cardiopathies artérielles, affections où le plus souvent la tension artérielle est élevée, la constatation d'hypotension après la longue phase d'hypertension qui la précède, est d'une importance capitale.

Comment se présente cette hypotension ? Il nous semble que deux cas peuvent être envisagés :

Premier cas. — Dans le premier cas, après une phase d'hypertension constatée parfois depuis quelques mois seulement, mais qui très vraisemblablement existait antérieurement, depuis longtemps déjà, et était passée inaperçue, on voit la pression s'abaisser et tomber un peu au-dessous de la normale. En même temps, divers troubles fonctionnels qui existaient antérieurement s'exagèrent, notamment la dyspnée, et quelques autres signes apparaissent, œdèmes malléolaires, congestion pulmonaire, douleur au lobe gauché du foie (Huchard), douleur spontanée, mais surtout provoquée par la pression, tous signes qui traduisent l'affaiblissement du pouvoir contractile cardiaque.

La pression artériolaire dans ces cas reste sensiblement égale à la pression artérielle maxima ; il semblerait donc que l'abaissement de la pression artérielle par la rupture de l'équilibre entre la résistance périphérique et la force déployée par le cœur soit surtout due, non au relâchement de cette résistance périphérique, ou à de la vaso-paralysie, mais bien à un fléchissement ventriculaire. Les deux tensions artérielles maxima et minima, d'abord éloignées de plusieurs degrés, parfois 8 à 10 centimètres de Hg, se rapprochent, la tension minima baissant moins que la tension maxima. L'amplitude du pouls, c'est-à-dire l'écart entre les deux tensions (tension variable de Marey), qui représente l'effort fait par le cœur pour élever la tension de son point le plus bas (tension minima) à son point le plus haut (tension maxima), semble par sa décroissance une preuve de l'affaiblissement du ventricule, survenant après une phase de surmenage auquel il succombe.

C'est cette variété d'hypotension que nous avons vu survenir chez plusieurs malades soignés pour cardio-sclérose et néphrosclérose qui, après une phase d'hypertension manifeste, présentèrent une phase d'hypotension coïncidant en général avec l'apparition de nouveaux troubles fonctionnels, ou l'aggravation des troubles préexistants.

Deuxième cas. — Dans d'autres cas, analogues au précédent en apparence, les choses se passent en réalité très différemment. Sans que rien ne puisse faire prévoir l'aggravation imminente et extrême, il y a un brusque fléchissement de la tension vasculaire, qui, d'un chiffre parfois très élevé, tombe brusquement très bas, le pouls devenant à peine perceptible, se « mitralisant » (Huchard) parfois en quelques minutes. Nous avons pu constater cette modification brusque du pouls chez plusieurs malades et chez l'un d'eux la mort survint dès le lendemain. Janeway, qui rapporte des faits analogues, considère la chute de la tension comme un signe d'extrême importance pronostique. Dans ce cas, dit-il, on ne doit plus compter que par minutes, ou par heures, et non plus par jours.

Au cours de la phase d'hypotension des cardiopathies artérielles, le sphygmomanomètre peut ainsi fournir des renseignements utiles ; car, si dans le dernier cas le pronostic est pour ainsi dire désespéré, dans le premier, au contraire, une thérapeutique active peut amener une amélioration considérable. Alors que la digitale était contr'indiquée pendant toute la durée de la phase hypertensive de la cardiopathie artérielle, où le traitement devait surtout se borner à faciliter le travail du cœur, en diminuant la résistance périphérique par l'emploi d'un régime antitoxique et diurétique, elle devient dès lors indispensable.

Chez un malade atteint d'artério-sclérose, l'étude de la tension artérielle est donc un guide important qui indique le moment auquel il faudra prescrire la digitale.

HYPERTENSION ARTÉRIELLE

Nous avons décrit le mécanisme de la tension artérielle : en assimilant les vaisseaux à une tubulure élastique, il est évident que la tension minima est en rapport avec la résistance périphérique, que la tension maxima représente la limite de l'effort de la pompe foulante, le cœur ; et la tension variable (ou amplitude du pouls, c'est-à-dire la tension maxima, Mx, moins le chiffre de tension minima, Mn), l'effort de cette pompe pour amener la pression du point le plus bas à son point le plus haut.

Deux causes principales dans un conduit inerte peuvent faire varier la tension : 1º Une modification dans l'action de la pompe foulante ; 2º une modification de la résistance périphérique.

Or, la résistance périphérique dépend de la vitesse d'écoulement à l'extrémité de la tubulure. En faisant varier l'ouverture, on fait varier le débit, on fait varier par contre-coup la résistance, c'est-à-dire la pression minima.

Donc, chez l'homme, une contraction des artérioles périphériques devrait élever la tension artérielle minima, et, en supposant que la pompe foulante repousse toujours la même quantité de liquide dans le même temps, — et nous savons que le cœur tend à toujours travailler de façon égale, loi de l'uniformité du travail du cœur de Marey, — le seul fait de l'élévation de la résistance périphérique, de l'élévation de la tension minima, va agir sur la tension maxima qu'il élève aussi. Ainsi, une contraction des artérioles périphériques devrait élever aussi la tension maxima.

Si, à une diminution brusque de l'écoulement périphérique devrait ainsi correspondre une élévation très brusque et très notable de la tension artérielle, en réalité, cette tension varie, en somme, normalement, dans des proportions assez faibles, 1 à 2 degrés de mercure environ. C'est qu'un mécanisme régulateur tient dans ces limites restreintes les variations de la tension : le nerf de Cyon, notamment, dont l'action dépressive se manifeste par modération des contractions cardiaques et création d'une voie de dérivation sanguine, par vaso-dilatation du système circulatoire abdominal.

L'élévation de la tension artérielle semble donc *a priori* devoir être liée à l'intégrité de la vaso-motricité du système circulatoire abdominal. L'expérimentation vient du reste apporter son appui à cette hypothèse. La ligature de l'aorte au-dessous de l'artère rénale ne modifie pas sensiblement la tension artérielle (Bezold, 1863). La ligature au-dessus provoque, au contraire, une élévation notable (Ludwig et Thiry, 1864) ; et Hirsch, Hasenfeld, Janeway, prouvent qu'il n'y a hypertension artérielle permanente que lorsque les artères splanchniques sont altérées.

De récents travaux sur l'hypertension portale (Gilbert, Huchard, Villaret), viennent encore indirectement à l'appui de cette hypothèse, en montrant l'influence que peuvent avoir sur la tension artérielle générale, en ce cas notablement abaissée, les troubles de la circulation dans le réseau vasculaire abdominal.

En principe, un resserrement des artérioles périphériques doit donc élever la tension artérielle aortique, et c'est ce qui se passe en général. Mais, cette intégrité de la voie de dérivation abdominale, ou son atteinte que nous ne pouvons vérifier, vient troubler les résultats observés.

Nous basant sur des recherches poursuivies, tant à l'hôpital Necker dans le service de M. Huchard, que dans notre clientèle de Vittel, nous pouvons cependant préciser quelques règles de la marche de la tension vasculaire chez les hypertendus.

On peut diviser les hypertensions artérielles en plusieurs variétés :

1º Les hypertensions passagères, crises vasculaires hypertensives d'une durée variable, mais conservant le caractère transitoire, accident qui peut ne plus se reproduire.

2° Les hypertensions continues ; celles-ci peuvent, dans certains cas, céder à l'institution d'un régime spécial : hypertensions transitoires ; tantôt y résister : véritables hypertensions permanentes, la circulation se faisant dans les artères entre des limites constamment trop élevées.

Hypertension passagère. — Les causes les plus diverses peuvent provoquer une hypertension passagère, soit de quelques instants, soit de quelques heures : une émotion brusque, le passage, sans transition, d'un appartement surchauffé à une température extérieure basse, un travail musculaire un peu pénible surtout chez des sujets peu entraînés à des efforts violents. La fumée du tabac, alors même que la nicotine ne serait pas en cause directement, comme il est généralement admis à l'heure actuelle, et que seules des bases pyridiques vaso-constrictives interviendraient, entraîne assez régulièrement une hypertension de un à plusieurs degrés, pendant plusieurs heures parfois. Mais toutes ces causes agissent surtout dans les cas pathologiques où la tension artérielle, d'abord élevée, a été ramenée à la normale.

Chez les sujets sains, à tension normale, les mêmes causes peuvent provoquer des effets hypertensifs très différents comme intensité ; car il est à remarquer que le coefficient personnel a ici une importance très nette : certains sujets présentent une tension presque invariable, remarquablement stable, alors que certains autres ont des réactions vasculaires bien plus sensibles, une grande instabilité que la moindre cause met en jeu.

Enfin, il est utile de se rappeler que les oscillations physiologiques de la tension artérielle, la faisant varier d'instant en instant, de quelques millimètres de mercure à 1 degré environ, comme l'indique notre sphygmométroscope, assez précis pour mesurer la valeur des oscillations respiratoires, il est imprudent d'attribuer une élévation du chiffre de la tension de 1 degré à quelque cause, émotive, médicamenteuse, etc., que ce soit.

Du reste, dans presque toutes les recherches entreprises sur ce sujet, les auteurs n'ayant fait porter leurs investigations que sur une variété de tension, et négligeant souvent d'indiquer et cette variété et l'appareil qui la leur a fourni, appareil bien souvent insuffisant, il est assez difficile d'être fixé sur l'action que peut avoir sur la marche de la tension artérielle normale tel ou tel agent, médicamenteux ou autre.

Cette étude est un peu plus aisée chez les hypertendus habituels, où généralement la circulation peut être plus facilement influencée.

Hypertension continue. — *Marche des tensions envisagées isolément* au cours du traitement.

Tension maxima. — Elle se comporte différemment, suivant les cas.

1º D'abord élevée, elle baisse rapidement et reste basse aussi longtemps que le régime est continué. Il est à remarquer que, bien qu'en général on ait plus de chance de voir baisser la tension maxima lorsqu'elle n'est pas trop élevée, ceci n'a rien d'absolu, et dans quelques cas, le retour à la normale peut être obtenu alors que l'élévation est telle que l'on pourrait désespérer de le voir survenir.

2º La tension maxima baisse, mais se relève par à coups, ayant toujours tendance à s'élever sous le moindre prétexte.

3º Après être demeurée longtemps élevée, malgré tout traitement, la tension baisse, soit progressivement, soit très brusquement. Mais il ne s'agit plus ici, comme nous l'avons signalé précédemment, d'une amélioration, la mort marquant le terme de la courbe décroissante.

Tension minima. — Plusieurs cas sont encore à distinguer.

1er cas : la tension minima, élevée d'abord, baisse notablement et reste basse.

2e cas : la tension minima, après s'être abaissée de façon sensible, présente cependant toujours une certaine tendance à atteindre son niveau primitif.

3e cas : Malgré l'élévation de la tension maxima, la tension minima est normale.

Tension artériolaire.

1er cas : la tension artériolaire, d'abord élevée, baisse rapidement et l'abaissement persiste ultérieurement.

2e cas : la tension artériolaire, d'abord élevée, baisse, mais cet abaissement est assez instable ; la moindre cause provoquant à nouveau son élévation.

3e cas : la tension artériolaire, après être demeurée élevée, baisse de façon considérable au moment de la mort.

4e cas : la tension artériolaire, après avoir été élevée, s'abaisse considérablement pour se relever, un peu avant la mort, à un niveau plus élevé.

Etude comparée des tensions. — De ces diverses variétés de tensions, la plus facilement influençable est la tension artériolaire. La structure particulière des vaisseaux au niveau des artérioles, où l'élément musculaire devient prépondérant, explique ces modifications plus rapides sous l'influence de causes multiples. Aussi malgré la précision apparente des résultats fournis par l'anneau digital, la tension artériolaire nous semble-t-elle être celle à laquelle on doive accorder le moins de crédit dans l'évaluation de l'action d'un médicament. D'un jour à l'autre, des écarts de 15 degrés, chez un même malade, sont, en effet, possibles.

Plus stable est la tension maxima, mais celle-ci présente encore, parfois, d'un jour à l'autre, des différences énormes pouvant se chiffrer par plusieurs degrés.

Bien plus stable est la tension minima sur laquelle le traitement a, en général, bien moins d'action, ses variations au cours d'un traitement prolongé se maintenant généralement dans les limites de 2 à 3 degrés.

Mais la comparaison entre les diverses tensions rigoureusement observées, en dehors de toute préoccupation thérapeutique, ne laisse pas de causer quelque surprise, alors qu'en principe, elles devraient évoluer toujours dans le même sens : l'élévation de la tension artériolaire entraînant l'élévation de la tension minima et de la tension maxima ; sa chute provoquant un abaissement des deux autres. Il est fréquent de les voir évoluer chacune pour leur propre compte, semble-t-il, et ceci, dans de telles proportions que l'erreur imputable à l'instrumentation, si large part qu'on lui puisse faire, ne suffit pas à expliquer les divergences observées.

Aussi croyons-nous pouvoir nous ranger à l'avis de Russel, Huchard et Bergouignan, qui pensent que, parmi d'autres facteurs, l'élasticité de la paroi intervient pour modifier le régime des pressions qui règnent à l'intérieur des vaisseaux. « Sans doute, lorsque la zone de contraction périphérique est limitée, cette augmentation de pression remonte le courant ; mais, comme elle est minima, elle peut être absorbée par l'élasticité vasculaire avant de parvenir à l'aorte.

Elle y parvient au contraire, si la zone vasculaire contractée est plus étendue. »

Marche comparée des tensions artérielle maxima et artériolaire. — Suivant les cas, ces deux tensions se comportent différemment l'une par rapport à l'autre.

1.º Tantôt, il y a sensiblement parallélisme entre les variations des deux tensions qui l'une et l'autre s'élèvent ou s'abaissent.

2º Tantôt il n'y a aucun parallélisme, chaque tension semblant évoluer pour son propre compte, l'une s'abaissant quand l'autre s'élève.

3º Tantôt enfin, la tension maxima descend très notablement alors que la tension artériolaire reste sensiblement au même niveau, ou même s'élève.

Hayasky, qui le premier eut l'idée de comparer les résultats fournis par les appareils de Riva-Rocci pour la pression artérielle maxima, et l'anneau de Gaërtner pour la pression artériolaire, n'arriva pas à des conclusions très précises. Les études poursuivies par Hirsch sur la même question ne furent pas plus concluantes. M. Bouloumié, dans la suite, entreprit des recherches analogues, usant du sphygmomanomètre de Potain et du tonomètre de Gaërtner qu'il réunit dans un seul instrument, le sphygmotonomètre, et pensa pouvoir établir que, dans les cas de tension normale, ces deux variétés de tension, artérielle maxima et artériolaire (artério-capillaire, dit cet auteur) sont dans le rapport de 10 à 15 ; la tension artériolaire égalant ainsi les $3/5^e$ environ de la tension maxima.

Nous-mêmes étions arrivé à des résultats analogues ; en réalité, ainsi que nous avons pu nous en rendre compte par la

suite, il n'y a pas de rapport entre la tension artérielle maxima
et la tension artériolaire, chez les sujets normaux, pour cette
raison que l'une et l'autre de ces tensions sont identiques,
égales à 110 millimètres de Hg environ. Le rapport de tension
normal 3/5e n'étant que l'expression de l'erreur provoquée par le fait de comparer des résultats obtenus avec deux
appareils basés sur des principes différents, le sphygmomanomètre de Potain, et le tonomètre de Gaërtner. L'emploi
de notre sphygmométroscope à large brassard de 16 centimètres et à doigtier ajustable devait nous éclairer sur ce
point.

Mais il n'en reste pas moins vrai que ce « rapport de tension » (Bouloumié), sans valeur dans les cas de circulation
normale, revêt un certain intérêt dans les cas pathologiques,
à circulation modifiée. Nous avons ainsi pu vérifier que, le
plus souvent, au cours d'un traitement, lorsque la tension
maxima s'élève, le rapport de la tension artériolaire à la
tension maxima s'abaisse, et qu'inversement ce rapport s'é-
lève lorsque la tension maxima est abaissée.

**Marche comparée des tensions artérielles maxima et
minima.**

1º Tantôt ces deux tensions marchent de pair, s'élevant
ou s'abaissant ensemble.

2º Tantôt elles ne présentent aucun parallélisme, l'une
s'élève quand l'autre s'abaisse, la tension maxima étant
presque toujours bien plus influencée que la tension minima.
La connaissance des variations de l'une ne peut permettre
de préjuger en rien des variations de l'autre. Deux notations
sont indispensables pour être éclairé sur leur marche res-
pective.

HYPERTENSION ET CARDIOPATHIES
ARTÉRIELLES

Si nous comparons cette marche de la tension artérielle chez les hypertendus artério-scléreux à l'évolution générale de la maladie, nous avons, dans le grand nombre des cas, la confirmation de la marche de l'artério-sclérose telle que la décrit M. Huchard.

Les malades dont la tension, tout d'abord élevée, baisse rapidement sous l'influence du régime et se maintient basse, peuvent être considérés comme atteints de cardiopathie artérielle à la première période. Le stade de la « présclérose », sur lequel on a tant discuté, a donc tout au moins une existence clinique indéniable, alors même qu'une légère atteinte des vaisseaux préexistante serait dès ce moment décelable au microscope. La maladie n'est alors qu'à son stade initial. C'est le cas le plus favorable.

Lorsque la tension diminue sans cependant devenir normale, et présente toujours une tendance à se relever, ou, lorsque en dépit de la médication elle se maintient très élevée, oscillant autour de 23 à 27, par exemple, la maladie est constituée depuis longtemps, bien établie, et il faut se résigner à n'obtenir aucun résultat durable ; cette phase d'hypertension permanente correspond à une sclérose confirmée, à la phase cardio-artérielle (de Huchard) et l'hypertension, qui n'est plus le signe pathologique prédominant, accompagne d'autres troubles plus ou moins accentués. Ceux-ci se groupant de façons diverses, selon les cas, ont permis de décrire les cinq grandes formes cliniques des cardiopathies artérielles : « formes tachyarythmique, angineuse, myovalvulaire, aortique et rénale (Huchard).

Enfin, dans la dernière catégorie, où la tension, restée malgré tout traitement très élevée, baisse pour ne plus se relever, s'accompagnant de la « mitralisation du pouls », doivent être rangés les malades arrivés au terme de leur affection, à la phase mitro-artérielle. Le cœur surmené fléchit, ses cavités se dilatent, le pouls se modifie, filant sous le doigt et devenant presque incomptable, parfois dans l'espace de quelques heures, jusqu'au moment de la mort.

Dans l'artério-sclérose la connaissance des conditions de la circulation est donc un élément d'une importance considérable. Combattre, au début, l'hypertension, par un régime approprié, plus tard, la défaillance cardiaque et l'hypotension qui en résulte à l'aide de la digitale, seront les deux indications principales dans la thérapeutique des affections cardio-artérielles.

Mais quelque important que soit le rôle de l'hypertension dans la genèse et l'évolution des cardiopathies artérielles, quelque grand intérêt que puisse présenter sa constatation à un moment où les lésions vasculaires évoluant silencieusement, l'affection ne se traduit que par des symptômes fonctionnels trop peu importants pour alarmer le malade, il faudra cependant se garder de considérer l'abaissement de tension obtenu par un traitement comme la mesure du bénéfice retiré de ce traitement. Une chute rapide de la tension coïncidant avec une disparition également rapide des accidents toxiques seront des éléments d'un pronostic favorable ; mais la tension demeure-t-elle élevée, il ne s'ensuit pas que l'on doive conclure à un échec, que les affirmations du malade soulagé de souffrances pénibles viendraient démentir.

Si, particulièrement dans la période de début des cardio-pathies artérielles (présclérose de Huchard), il y a parallélisme entre l'abaissement de la pression artérielle et l'amélioration de l'état général, dans bien des cas, surtout à une période plus avancée (phase cardio-artérielle de Huchard), il n'y a plus aucune comparaison à établir : alors que l'état général peut être excellent, l'abaissement de la pression peut être presque nul. Ce parallélisme qui existe en général au début, entre la décroissance de l'hypertension et les autres troubles, dyspnée et insomnie particulièrement, qui l'accompagnent le plus souvent, est la règle ; mais il peut être détruit plus tard lorsque les lésions vasculaires sont plus avancées, lorsque l'imperméabilité rénale est plus accentuée.

Dyspnée, insomnie, œdèmes peuvent alors, sous l'influence d'un régime antitoxique et diurétique (régime lacté ou lacto-végétarien hypochloruré, théobromine, eau de Vittel ou d'Evian), s'atténuer, disparaître même, et la tension rester élevée, ou s'abaisser de façon insignifiante.

Ainsi, tout en reconnaissant à l'hypertension une valeur symptomatique importante dans l'artério-sclérose, tout en la considérant comme un *signal d'alarme* à ne pas négliger, sa constatation chez un malade amenant à rechercher les autres symptômes restés jusqu'alors latents, ou à essayer d'en prévenir l'apparition, il ne faut voir en elle qu'un effet de l'intoxication. Mais celle-ci parfois peut exister seule, et vouloir baser le pronostic sur la marche isolée de la tension artérielle serait s'exposer à bien des déconvenues.

Bien plus, on peut parfois observer, chez un sujet, toute la série des accidents toxiques qui caractérisent l'artériosclérose, sans observer à aucun moment un trouble appré-. ciable et durable de la tension artérielle. Nous avons pu observer des crises dyspnéiques provoquées par le plus léger effort, au point d'empêcher même la marche, comme phénomène initial d'une artério-sclérose commençante, et coïncider avec des tensions artérielles et artériolaire absolument normales ; s'il est possible d'admettre que l'hypertension continue implique l'existence d'une néphrite, il n'est pas moins exact que l'insuffisance rénale la plus caractérisée peut rester sans influence sur la pression vasculaire.

Le problème des rapports exacts de l'hypertension avec l'artério-sclérose est loin d'être encore résolu.

Il semble bien, du reste, que l'hypertension doive être considérée comme une réaction de défense, un phéno-mène utile en quelque sorte, tout au moins au cours de certains états pathologiques ; et il est loin d'être prouvé qu'un médicament, ou une médication n'agissant que sur la tension artérielle, pour la ramener à la normale, soit absolument utile. Le véritable abaissement de la tension dont on puisse se réjouir est celui que l'on voit survenir lorsque, par un régime approprié, on a supprimé la cause de l'hypertension, les phénomèmes morbides qui la rendaient nécessaire.

ÉVALUATION CLINIQUE DU TRAVAIL DU CŒUR

Après avoir rapporté les résultats auxquels plusieurs années de recherches nous ont permis d'arriver, nous avons dû constater leur insuffisance comme moyen de documentation précise. C'est qu'étudier ainsi isolément la tension artérielle indépendamment de l'état du cœur, n'est qu'une partie de la question et il est évident, qu'en somme, si la valeur de la pression est un élément important, on ne peut cependant se rendre un compte exact de la circulation d'un sujet, apprécier les modifications de son état que si, notant les variations de sa pression vasculaire, on prend également soin de noter la fréquence des contractions cardiaques. Ces deux ordres de recherches doivent être poursuivies parallélement ; et, si l'insuffisancee de l'instrumentation, qui ne permettait pas d'évaluer les deux limites de la tension artérielle, la tension maxima et la tension minima, a entravé longtemps cette étude, la sphygmomanométrie actuelle permet aujourd'hui d'obtenir des résultats appréciables. Bien que les chiffres fournis par cette méthode d'évaluation du travail cardiaque soient toujours entachés d'erreurs, ils ne le sont pas au point de ne pas permettre une estimation suffisante dont la relativité n'exclut cependant pas l'intérêt ; et les résultats obtenus dans cette voie nouvelle sont trop encourageants pour que nous croyons les devoir passer sous silence, malgré sa complication bien plus apparente que réelle.

Que faut-il entendre par « travail du cœur », et tout d'abord par « travail » : « Par définition, un travail mécanique est représenté par le produit d'une force, par le chemin parcouru, ou d'une charge par la hauteur à laquelle elle a été soulevée. Soit P la charge, H la hauteur du soulèvement, le produit PH représente le travail effectué dans un temps considéré T. Le problème du travail du cœur consiste donc à rechercher la valeur de la charge soulevée, et celle de la hauteur du soulèvement. Le problème tel qu'il est ainsi posé, se rapporte à une forme de travail dit travail moteur. Dans le cas du cœur, il s'agit d'un travail résistant, ce qui signifie qu'il ne s'agit point pour le cœur de soulever une charge à une certaine hauteur, mais de faire vaincre par cette charge une certaine résistance. Le travail mécanique est alors représenté par le produit de la charge par la résistance à vaincre.

Dans le cas qui nous occupe, la charge à soulever est représentée par l'ondée sanguine que lance le ventricule à chacune de ses systoles ; la résistance, par la tension moyenne qui tient close les sygmoïdes, et contre laquelle le sang doit lutter pour ouvrir les valvules et faire pénétrer le sang dans l'aorte.

Ainsi, en acceptant comme valeur de l'ondée systolique le chiffre de 60 centimètres cubes choisi par Tiegerstedt, en 1891, on voit que le travail absolu du cœur normal peut être ainsi obtenu :

Soient :

La pression dans l'artère aorte P = 15 centimètres de mercure.

La pression dans l'artère pulmonaire P' = 5 centimètres de mercure.

Et l'ondée systolique = 60 centimètres cubes.

Le travail du ventricule gauche = 60 centimètres

cubes × 15 **centimètres** de mercure, ou, en remplaçant les
15 centimètres de mercure par une colonne d'eau de
2 mètres (la densité du mercure étant telle que 15 centimètres correspondent à une colonne de 2 mètres de sang).

Travail du ventricule gauche $= 60 \times 2 = 120$ grammètres.

(En ne tenant pas compte, dans le résultat, de la vitesse du
sang, 0 mètre 50 à la seconde, qui est pratiquement négli-
geable.)

Le travail du ventricule droit étant, par suite de la différence des pressions aortique et pulmonaire, égal à 1/3 du
travail du ventricule gauche, c'est-à-dire à 40 grammètres,
on voit ainsi que le travail ventriculaire total égale

$$120 \text{ gram.} + 40 \text{ gram.} = 160 \text{ grammètres.}$$

Donc, pour une minute, en acceptant 70 comme nombre
normal de pulsations à la minute, le travail ventriculaire
total égale

$$160 \times 70 = 11 \text{ kilogrammètres } 200.$$

et pour une heure,

$$11 \text{ kilogr.} 200 \times 60 = 672 \text{ kilogrammètres.}$$

Le travail fourni par le cœur tend toujours à être sensiblement égal à lui-même ; les facteurs dont il dépend, valeur
de l'ondée sanguine, nombre de pulsations et tension
moyenne, varient dans des proportions telles, que la variation de l'un d'entre eux est compensée, en une certaine

mesure, par les variations en sens inverse des autres. « Il s'établit ainsi entre le rythme du cœur, son débit et les pressions qu'il a à vaincre, des rapports tels que le travail du cœur reste sensiblement constant. » (*Loi de l'uniformité de travail du cœur*, de Marey).

Le cœur adapte ainsi son débit au rythme et aux pressions à vaincre. L'élévation de la température, par exemple, qui accélère le rythme, provoque une diminution du débit. On constate que les systoles, en même temps qu'elles deviennent plus fréquentes, deviennent plus courtes, de sorte que l'excès de leur nombre est compensé par la diminution de leur durée. L'élévation de pression ralentit le rythme et diminue le débit, et ainsi, le produit PH oscille dans des limites restreintes.

Mais, comment calculer, au lit du malade, la valeur de l'ondée ; comment apprécier la résistance ? Jusque à ces dernières années, aucun appareil ne permettait d'apprécier ces valeurs. Actuellement, grâce à des appareils plus pratiques, plus exacts et plus complets, la chose est devenue possible ; et à l'aide de notre *sphygmométroscope*, il est facile de mesurer la valeur de la tension artérielle maxima, Mx ; de la tension artérielle minima, Mn ; et d'apprécier ainsi l'écart entre les deux tensions, c'est-à-dire la tension variable ou (amplitude du pouls, d'Erlanger, ou Pulsdruck, que Strasbürger écrit par abréviation = PD).

Marey avait remarqué que, lorsque la tension artérielle est peu élevée, l'écart entre les tensions maxima et minima est généralement considérable, c'est le pouls ample des hypotensions : et, qu'au contraire, cet écart est généralement minime dans les cas où la tension artérielle est élevée (pouls serré des artério-scléreux), l'élévation de la tension maxima étant suivie d'une élévation de la tension minima, non pas parallèle, mais plus accentuée. Il était alors simple de penser que PD pouvait être considéré comme représentant la valeur de l'ondée systolique, et que, au cours d'une affection, l'élévation du chiffre de ce PD correspondait à une amélioration de la circulation, sa diminution à une circulation plus défectueuse.

C'est ainsi que Fellner, Erlanger et Hoocker crurent devoir se baser sur la direction des oscillations du PD au cours d'une cardiopathie, amélioration si PD devenait plus grand, plutôt que sur la direction de la marche de la tension maxima, son élévation ou sa chute, alors que, généralement, uniquement même, en France, la marche de cette tension maxima, seule appréciable avec les anciens sphygmomètres, était considérée comme le critérium de l'amélioration ou de l'aggravation de la maladie.

Mais un facteur capital, le nombre des pulsations cardiaques, est ainsi négligé ; et si la proposition précédente reste vraie dans la majorité des cas, c'est qu'en même temps le repos et le régime auxquels étaient soumis nos malades agissaient également dans un sens favorable sur ce facteur négligé, le nombre de pulsations.

L'ondée systolique, représentée par PD, ne serait pas pour quelques auteurs (Reklinghausen, Klemperer, Sahli), exactement égale à ce PD, mais serait plutôt obtenue par une formule empirique plus complexe.

$$\frac{PD}{Mn + \dfrac{PD}{2}}$$

Strasbürger, utilisant cette connaissance de l'ondée sanguine, qui lui permettait de calculer par la formule précédente la mesure des tensions maxima Mx et minima Mn, fournie par des appareils précis, proposa de l'appliquer à l'étude du travail du cœur, selon la formule des physiologistes :

Travail = ondée × résistance × nombre de pulsations à la minute, c'est-à-dire dans le cas-ci :

$$\text{Travail} = \frac{PD}{Mn + \dfrac{PD}{2}} \times \frac{Mn + PD}{2} \times p.$$

ou, en abrégeant,

$$\text{Travail} = PD \times p.$$

La résistance étant représentée par la tension moyenne du sang dans l'artère, qu'exprimerait la formule

$$Mn + \frac{PD}{2}$$

Mais, s'il est vrai que cette formule PDp puisse rendre service, elle n'est pas sans défauts. Elle ne tient pas compte en somme, de la valeur de la tension artérielle, n'utilisant Mx et Mn que pour connaitre leur écart, le PD, sans que le chiffre effectif de la tension intervienne ; et ceci n'est pas sans importance, comme nous allons essayer de le démontrer par des exemples.

Soient dans deux cas, où nous supposons que le nombre de pulsations, 80, par exemple, reste le même.

$$1^{\text{er}} \text{ cas.} \quad Mx = 20 ; Mn = 16 ; p = 8)$$
$$2^{\text{me}} \text{ cas.} \quad Mx = 12 ; Mn = 8 ; p = 80$$

Le PD, dans l'un et l'autre cas, est représenté par le même chiffre 4 ; ainsi que le nombre de pulsations, 80.

Il s'ensuit donc, d'après la formule PDp, que le travail du cœur dans les deux cas est identique. Or, il est évident qu'il n'en est rien ; et l'on voit ainsi l'utilité de faire intervenir un correctif, en rapport avec la valeur réelle de la tension artérielle.

Dans le but d'éviter cette cause d'erreur, M. Josué modifia très heureusement cette formule PDp, par l'adjonction de la notion qu'elle méconnaissait, et proposa de rechercher le *travail relatif* du cœur, en multipliant PDp par le chiffre de la tension moyenne du sang dans l'artère, chiffre obtenu par la moyenne numérique des Mx et Mn, c'est-à-dire :

$$\text{Travail relatif} = \text{PDp} \times \left(\frac{\text{Mx} + \text{Mn}}{2}\right)$$

Calculons, d'après cette nouvelle formule, le travail relatif du cœur, dans les deux cas que nous exposions précédemment, où l'on a :

$$1^{\text{er}} \text{ cas.} \quad \text{Mx} = 20, \text{Mn} = 16; \text{ p} = 80$$
$$2^{\text{me}} \text{ cas.} \quad \text{Mx} = 12, \text{Mn} = 8; \text{ p} = 80$$

Le PD restant le même, ainsi que le nombre de pulsations 80, le seul facteur qui apporte une variation est celui qui représente la tension moyenne, c'est-à-dire, dans le premier cas 18, et dans le second 10.

On a alors :

$$1^{\text{er}} \text{ cas.} \quad 4 \times 80 \times 18 = 5.760$$
$$2^{\text{me}} \text{ cas.} \quad 4 \times 80 \times 10 = 3.20$$

. On voit ainsi la supériorité de la formule de M. Josué sur celle de Strasbürger.

Cependant, cette dernière formule n'est pas sans être exempte de toute critique. La tension moyenne, que ne fournit aucun sphygmomètre clinique, n'y est obtenue que par la moyenne numérique entre Mx et Mn ; en prenant la demi-somme de ces deux chiffres. Or, c'est là, dit Marey, un chiffre « insignifiant », et nous en avons rapporté plus haut la raison, d'après cet auteur (voir page 13). A la condition cependant de ne considérer ce chiffre que comme une « moyenne », et non comme celui de la tension moyenne, la formule est très acceptable.

Pour ne pas employer ce chiffre de la tension moyenne numériquement obtenu par la demi-somme des tensions Mx et Mn, M. A. Lagrange additionne au produit PDp, la valeur de la tension minima :

$$\text{Travail relatif} = PDp + Mn$$

Mais si cette formule, qui tient compte du chiffre de tension dans l'évaluation du travail, peut, dans certains cas, fournir une correction appréciable, il en est d'autres où elle devient presque insignifiante.

Supposons en effet ces deux cas :

1er cas.   Mx = 15 ; Mn = 5 ; p = 100
2me cas.   Mx = 25 ; Mn = 15 ; p = 100

Où nous conservons une amplitude du pouls PD identique, égale à 10, et où nous supposons dans les deux cas que le nombre de pulsations, p, reste le même, 100 par exemple.

Effectuons les calculs d'après la formule :

$$\text{Travail relatif} = PDp + Mn$$

Dans le premier cas, nous aurons :

$$\text{Travail relatif} = 10 \times 100 + 5 = 1.005$$

et dans le deuxième cas :

$$\text{Travail relatif} = 10 \times 100 + 15 = 1.015$$

C'est-à-dire que, dans les deux cas, le travail relatif obtenu par cette formule reste presque identique, alors qu'en réalité, le nombre de pulsations restant invariable, le cœur est obligé de fournir un travail bien plus considérable pour maintenir la pression à $Mx = 25$, $Mn = 15$ (deuxième cas), que pour la maintenir à $Mx = 15$, $Mn = 5$ (premier cas).

Ainsi, d'une part, il est physiologiquement défectueux de faire intervenir le chiffre de tension moyenne, obtenu par la moyenne numérique, dans la constitution de la formule du travail relatif du cœur ; d'autre part, la formule imaginée par A. Lagrange, si elle présente l'avantage de ne pas faire intervenir ce chiffre de tension moyenne numérique, n'apporte pas une correction suffisante.

Certes, puisqu'il s'agit ici, non de chiffres absolus, mais de chiffres relatifs, cette erreur perd de son importance pratique. Nous préférons, cependant, employer la formule suivante, que nous proposons après l'avoir expérimentée sur un grand nombre de malades. Tout en tenant compte de la hauteur de la tension, elle tourne la difficulté en n'utilisant pas la tension moyenne et fournit cependant une correction appréciable à la formule PDp, de Strasbürger.

Pour obtenir le travail relatif du cœur, nous divisons le

produit PDp, par le rapport de la tension maxima à la tension minima. On a ainsi la formule :

$$\text{Travail relatif} = \frac{PDp}{\dfrac{Mx}{Mn}}$$

Appliquons cette formule aux deux exemples précédents.

$$1^{er}\text{ cas.} \qquad Mx = 20,\ Mn = 16$$
$$2^{me}\text{ cas.} \qquad Mx = 12,\ Mn = 8$$

On aura donc :

$$1^{er}\text{ cas.} \qquad \text{Trav.} = \frac{PDp}{\dfrac{Mx}{Mn}} = \frac{4 \times 80}{1,25} = 256$$

$$2^{me}\text{ cas.} \qquad \text{Trav.} = \frac{PDp}{\dfrac{Mx}{Mn}} = \frac{4 \times 80}{1,50} = 213$$

Où les résultats sont différents du seul fait que la tension est différente, car dans les deux cas, le nombre de pulsations, 80, reste le même ; de même que le PD reste toujours égal à 4.

Que l'on retienne la formule de M. Josué, celle de M. A. Lagrange, ou celle que je propose ici, on aura des résultats comparables. Non pas que les chiffres obtenus soient les mêmes, mais ils tiennent compte de la hauteur de la tension artérielle et, par cela même, doivent être préférés à ceux fournis par la formule trop simple de Strasbürger.

En conservant, dans divers cas, un même nombre de pulsations = 100, par exemple, à la minute, et un même

PD=2, on peut voir que le travail ventriculaire évalué d'après notre formule

$$\frac{PDp}{\frac{Mx}{Mn}}$$

variera d'après la hauteur des tensions, sans cependant faire intervenir le chiffre même de cette tension moyenne qu'aucun appareil ne permet d'apprécier, chez l'homme tout au moins, la chose étant possible chez l'animal à l'aide du manomètre compensateur et de canules introduites dans l'artère.

Soient, en effet, les cas suivants, où PD=2, p=100, et où, seule, la tension artérielle varie :

$$1^{er}\text{ cas.}\quad Mx = 20\ldots\ldots Mn = 18$$
$$2^{me}\text{ cas.}\quad Mx = 16\ldots\ldots Mn = 14$$
$$3^{me}\text{ cas.}\quad Mx = 12\ldots\ldots Mn = 10$$
$$4^{me}\text{ cas.}\quad Mx = 8\ldots\ldots Mn = 6$$

Les chiffres par lesquels nous devons diviser le chiffre 200, expression de PDp, vont en s'élevant à mesure que les tensions dont ils expriment le rapport s'abaissent, et seront ainsi de 1,11 pour le premier, de 1,14 dans le deuxième, de 1,20 dans le troisième et de 1,30 dans le dernier.

De sorte que le nombre représentant le travail relatif du cœur, et résultant du produit 200, par des chiffres de plus en plus élevés à mesure que la tension diminue, sera de plus en plus faible ; variant de 180 dans le premier cas, à 150 dans le dernier.

L'étude de ces formules permet d'apprécier l'importance

que revêt la notion de tachycardie dans les cardiopathies artérielles, importance sur lesquelles M. Huchard insiste sans cesse, et le retentissement que présente ce facteur sur l'évaluation du travail du cœur.

Supposons qu'un malade, après avoir présenté

$$\text{1}^{\text{er}}\text{ cas.} \qquad Mx = 18; \; Mn = 16; \; p = 130$$

présente dans la suite

$$\text{2}^{\text{me}}\text{ cas.} \qquad Mx = 18; \; Mn = 15; \; p.\; 130$$

Si l'on ne considère que la valeur de PD, et que l'on fasse, comme le veulent Erlanger et Hoocker, de l'augmentation de PD, un critérium de l'amélioration du malade, on pourrait croire que PD étant plus élevé dans le second cas, la circulation se fait dans de meilleures conditions, et que le cœur est obligé à un travail moindre.

Or, établissons les calculs d'après notre formule :

$$\frac{PDp}{\dfrac{Mx}{Mn}}$$

on trouve que le travail fourni est, dans le premier cas :

$$\frac{2 \times 130}{\dfrac{18}{16}} = \frac{260}{1,12} = 232$$

et dans le deuxième cas :

$$\frac{3 \times 130}{\dfrac{18}{15}} = \frac{390}{1,20} = 325$$

C'est-à-dire que le travail, de 232 est passé à 325, et à l'augmentation de PD, n'a pas correspondu une amélioration.

Mais si, au contraire, le nombre de pulsations, du fait du repos, est tombé de 130 à 80, par exemple, on a ainsi :

$$3^{me}\text{ cas.} \qquad Mx = 18\,;\ Mn = 15\,;\ p = 80$$

où, grâce à la diminution du nombre de pulsations, l'accroissement de PD correspond bien à une amélioration de la circulation, ce que montre le calcul :

$$\frac{3 \times 80}{\dfrac{18}{15}} = \frac{240}{1,20} = 200$$

Or, comme cette diminution de la fréquence du pouls est, en clinique, le cas le plus fréquent, il se trouve ainsi vrai, qu'en général, à un accroissement de l'écart entre Mx et Mn, au cours du traitement d'une cardiopathie avec hypertension, correspond bien une amélioration de l'état du malade.

Ces formules ne permettent d'obtenir que des chiffres sans valeur absolue, que d'apprécier un travail relatif, comme le dit M. Josué. Il est donc nécessaire d'établir un chiffre moyen au-dessous duquel le travail cardiaque sera jugé insuffisant, et au-dessus duquel il sera jugé excessif. En acceptant les chiffres de tension acceptés comme normaux par Janeway, Gibson, Reklinghausen, etc., chiffres qu'indique également, chez l'homme, notre *sphygmométroscope*, on aura :

$$Mx = 11,\ Mn = 8$$

où, avec un pouls de 70, la formule

$$\frac{\dfrac{PDp}{Mx}}{Mn} \quad \text{fournit} \quad \dfrac{3 \times 70}{\dfrac{11}{8}} = \dfrac{210}{1,37} = 143$$

ou encore $Mx = 10$, $Mn = 7,5$ $p = 75$, et où cette même formule donnera

$$\frac{2,50 \times 75}{\dfrac{10}{7,50}} - \dfrac{187,50}{1,30} = 144$$

Le travail relatif normal, obtenu à l'aide de notre formule, oscille au voisinage de 140 à 180.

Mais chez des sujets atteints d'affections variables, modifiant le pouls et la tension artérielle, ces chiffres sont dépassés en plus ou en moins. Nous avons pu, au cours de cardiopathies artérielles, noter des cas où l'augmentation du travail du cœur était extrême. Nous avons ainsi observé des chiffres très élevés.

422, obtenu avec $Mx = 20$; $Mn = 24$ et $p = 100$

595, obtenu avec $Mx = 24$; $Mn = 17$ et $p = 120$

A Vittel, nous avons pu constater sur une série de malades hypertendus artério-scléreux, l'influence bienfaisante du traitement diurétique et du repos complet auquel nous les soumettions ; et nous avons ainsi noté des abaissements sensibles dans le travail du cœur, exagéré au début. Un malade atteint d'aortite légère, qui présentait à son arrivée $Mx = 18$, $Mn = 14$, $p = 100$, dont le travail relatif du cœur était par conséquent de 312, ne présenta plus, dans la suite, qu'un travail égal à 180, par suite de modifications apportées à la tension et à la fréquence du pouls,

$$Mx = 12; Mn = 9 \text{ et } p = 80$$

Dans ce cas, la formule de M. Josué fournit deux chiffres différents = 6.400, au début, et 2.500, à la fin du traitement.

Avec celle de M. A. Lagrange, on obtient 414, puis 309.

Chez un autre malade atteint de cardiopathie artérielle, tachy-arythmique, nous pûmes observer au début

$$Mx = 20; Mn = 18; p = 130$$

le travail égalant 234, et dans la suite

$$Mx = 12; Mn = 10; p = 110$$

d'où abaissement du travail relatif à 183.

Enfin chez un diabétique nous avons avec

$$Mx = 28; Mn = 18; p = 95$$

obtenu le chiffre énorme de 612.

Cette notion du travail relatif du cœur, bien que tout récemment introduite en clinique, est donc d'un grand intérêt. Sans insister sur la valeur diagnostique que certains auteurs attachent aux variations du travail du cœur, sous l'influence de l'effort, ces variations, au cours d'une cardiopathie, constituent un bon élément de pronostic. D'autre part, les chiffres que nous avons constatés montrent bien que le régime antitoxique et diurétique est vraiment le meilleur traitement de l'artério-sclérose, à l'exclusion de la digitale et des autres hypertenseurs dont l'emploi, ainsi que le conseille M. Huchard, devra être réservé pour le moment où, à la phase ultime de la maladie, le cœur surmené par un travail excessif défaille et succombe à la tâche.

ÉTUDE CRITIQUE
DES
SPHYGMOMANOMÈTRES CLINIQUES

CLASSIFICATION DES SPHYGMOMÈTRES

Sur l'animal, l'introduction dans l'artère d'une canule en rapport avec un manomètre compensateur rend aisée l'appréciation de la tension. Chez l'homme, où un appareil est nécessaire, les mesures ne peuvent être obtenues qu'indirectement, on voit surgir une série de difficultés pratiques. Le nombre des appareils est à lui seul une preuve de leur insuffisance. Ils sont, du reste, basés sur des principes différents, et mesurent des tensions différentes ; ainsi le Bach évalue la tension maxima, le Hill et Barnard, la tension moyenne (c'est du moins l'avis des inventeurs), Gaërtner, la tension artériolaire.

Admettons cependant que les mesures ainsi obtenues soient exactes. Un vice capital ne les voue pas moins à l'inutilité. La connaissance isolée d'un seul élément de la pression, soit de la tension maxima, soit de la tension minima, soit de la tension moyenne, est insuffisante. Ce n'est que par la détermination des limites de la pression, la notation des maxima et des minima qu'elle atteint, que nous pouvons être renseignés sur les conditions exactes de la circulation artérielle.

Enfin l'évaluation de la tension *artériolaire* est aussi indispensable.

Pour qu'un sphygmomètre puisse rendre véritablement tous les services qu'on en peut exiger actuellement, il faut donc qu'il indique : 1° la tension artérielle maxima ; 2° la tension artérielle minima ; 3° la tension artériolaire.

Jusqu'à ce jour, un tel appareil n'existant pas, bien des auteurs se refusaient à accorder grand intérêt aux notations incomplètes fournies par les sphygmomètres en usage. « Le meilleur sphygmomètre ne vaut rien, disait M. Huchard qui préférait, quelque trompeur que soit le palper du pouls, se fier aux renseignements que fournit cette palpation, joints à ceux que procure l'auscultation du cœur (retentissement en coup de marteau du deuxième bruit aortique) et la constatation de la stabilité du pouls dans les positions debout et couché.

Aussi nous sommes-nous efforcés de réunir dans un même instrument, le *Sphygmométroscope*, les qualités que nous croyons utiles, sinon indispensables. Nous décrivons plus loin cet appareil, mais auparavant nous croyons devoir faire une classification des divers sphygmomètres employés jusqu'ici, du moins des plus connus ; la critique qui fait suite à cette classification devant expliquer comment nous avons été amenés à construire notre propre instrument.

Mais nous voulons, tout d'abord, insister sur ce point que le simple secours du pouls est insuffisant pour apprécier d'une façon tant soit peu précise la valeur de la pression artérielle, et ne peut en aucune façon servir à la mesure des variations journalières de cette pression.

L'explication en est facile :

Notre sens musculaire, duquel dépend l'estimation de la pression, n'estime que la totalité de l'effort dépensé dans le but de vaincre cette pression, et non la force par unité de surface. Si toutes les artères, ou même les artères radiales seules, étaient de calibre identique, ce serait sans importance. Mais suivant les individus, et même chez le même sujet, les artères radiales, temporales et autres, présentent les plus larges différences de calibre ; comme l'effort exercé est proportionnel à la surface de l'artère avec laquelle le doigt est en contact, plus large sera l'artère, plus élevé paraîtra la tension qui y règne, et inversement.

Il est du reste très facile de se rendre immédiatement compte de l'impossibilité où l'on est d'apprécier la valeur de la tension artérielle avec le seul secours du doigt, en pratiquant, chez un même sujet, la palpation du pouls radial et du pouls aortique, au creux épigastrique. Il n'y a, semble-t-il, aucune comparaison à établir, et cependant, malgré les apparences, la pression dans les deux vaisseaux est très sensiblement la même (Janeway).

Il ne s'ensuit cependant pas que le palper du pouls soit inutile. Il fournit les renseignements utiles sur l'état de l'artère, sa flexuosité, etc. On peut le pratiquer de deux façons :

1º Le doigt appliqué fortement sur l'artère, arrête toute pulsation ; la compression étant progressivement diminuée, la force exercée au moment du retour de la première pulsation fait équilibre à la tension artérielle maxima.

2º Le doigt déprime peu à peu la paroi du vaisseau ; les pulsations sont perçues de plus en plus fortes, jusqu'à un certain degré de compression au-delà duquel elles vont en diminuant d'intensité. La contrepression exercée au moment de la pulsation maxima est égale à la tension artérielle minima.

Classification des sphygmomètres. — *1º Appareils agissant sur l'artère par l'intermédiaire d'un bloc solide :*

Appareils de Waldenburg (1877).

Appareil de Bloch.

Appareil de Hoorweg (1889).

Sphygmométrographe de Philadelphien (1897).

Nous donnons plus loin la description du plus connu de ces appareils, celui de Bloch. Leur mode de compression est absolument défectueux.

2º Appareils mesurant la pression artérielle maxima :

a) En employant la compression radiale par une pelote :

1er Appareil de Bach.

2e Appareil de Bach.

Appareil de Potain.

Appareil de Bouloumié.

b) en employant la compression par brassard :

Appareils Riva-Rocci.

—   Enriquez et Hallion.

—   Martin.

—   Stanton.

—   Coock.

—   Gross.

—   Vaquez

3º Appareils mesurant la pression artérielle minima :

a) Par compression à l'aide d'une pelote :

Appareil de Hérisson.

Hemodynamomètre Olliver.

Petit appareil Hill-Barnard.

b) Par compression à l'aide de doigtier :

Appareil de Mosso.

Appareil de Marey.

c) Par compression par brassard : Appareil Hill-Barnard.

4° *Appareils mesurant les pressions artérielles maxima et minima, à l'aide de brassard :*

Appareils à contrôle objectif :

1° Par inscription :

Appareil de Erlanger.

Appareil de Gibson.

Sphygmomanométrographe Lagrange.

2° à la vue :

Pulsocardioscope Lagrange.

Sphygmométroscope L.-A. Amblard.

5° *Appareils mesurant la pression artériolaire :*

Tonomètre Gaërtner.

Appareil Kreidl.

Sphygmotonomètre Bouloumié.

Sphygmométroscope L.-A. Amblard.

6° *Appareils mesurant les tensions artérielles maxima, minima et la tension artériolaire :*

Sphygmométroscope L.-A. Amblard.

Tous les appareils que nous venons de passer en revue sont, en somme, constitués par un agent compresseur modifiant le cours normal du sang dans l'artère ; un manomètre en rapport avec cet agent compresseur permettant d'évaluer la pression sous laquelle la modification cherchée a été obtenue.

La critique doit donc porter :

1° Sur l'agent compresseur et son mode d'application ;

2° Sur le mode d'appréciation des modifications de la circulation du sang dans l'artère ;

3° Sur les manomètres employés pour évaluer la contre-pression exercée.

ÉTUDE DE L'AGENT COMPRESSEUR
ET DE SON MODE D'APPLICATION

1º **Premier type de compression.** — *Écrasement de l'artère sur un plan osseux résistant.* — On tenta d'abord de comprimer l'artère radiale en l'écrasant progressivement sur le plan osseux sous-jacent. Cet écrasement était obtenu à l'aide d'une pelote de caoutchouc (Bach, Potain), ou d'un patin (Bloch), appliqué sur l'artère. La lecture (sur un cadran manométrique, dans le premier cas, sur un cylindre gradué, dans le deuxième) du degré correspondant au moment où, par suite de la compression progressive, la pulsation radiale devient imperceptible au doigt explorateur indique la valeur de la tension artérielle maxima, c'est-à-dire la pression qu'à aucun moment de systole ou de diastole, le sang ne dépasse dans l'artère.

C'est sur ce principe que sont basés le Bach, le Potain, le Bloch, etc.

2º **Deuxième type de compression.** — *Arrêt de la circulation dans l'artère par compression du bras à l'aide d'un manchon.* — C'est Riva-Rocci qui, le premier, employa pour arrêter le cours du sang, la compression du bras par un manchon gonflé progressivement d'air ; le doigt placé sur l'artère radiale notant le moment où le pouls disparaît. La hauteur de la colonne de mercure du manomètre en rapport avec le manchon compresseur indique la valeur de la tension artérielle maxima.

Parmi les appareils employant la compression par brassards, les uns sont munis d'un coussin circulaire (Riva-Rocci,

Enriquez et Hallion, Olliver, Reklinghausen, Martin, Lockardt Mummery, etc.), les autres d'un coussin demi-circulaire (Hill et Barnard, Gros, Vaquez, Lagrange).

Mais les difficultés surgissent dès que de la théorie on passe à la pratique ; et l'un et l'autre de ces modes de compression donnent lieu à diverses objections que nous allons essayer d'exposer :

1) Inconvénients de la compression radiale. — *a) La recurrence.* — Nous n'insistons pas sur cet inconvénient maintes fois signalé, et que l'on peut aisément combattre par une technique spéciale, en écrasant, à l'aide du medius de la main droite, l'artère radiale au delà du point où l'index s'assure de la disparition du pouls. Un ingénieux dispositif imaginé par M. Enriquez permet également de remédier à cet inconvénient.

b) Anomalies artérielles de volume, ou de disposition, contre lesquelles on ne peut rien.

c) Difficulté de bien appliquer l'agent compresseur sur l'artère. — Dans certains cas, l'artère est facile à isoler des tissus qui l'environnent, et forcément écrasée entre l'agent compresseur et le plan osseux sur lequel elle repose. Mais dans d'autres cas, cet isolement est plus délicat. L'artère se dérobe, la pelote n'est pas bien exactement appliquée sur l'artère ; l'écrasement nécessite un effort sensiblement plus considérable ; ce seul fait que l'on ne comprime pas toujours l'artère de façon identique suffit donc à rendre les notations inexactes dans une certaine mesure.

d) Enfin l'élasticité de la boule de caoutchouc, des tissus sous-jacents et sus-jacents à l'artère entre en jeu, apportant ainsi de nouveaux facteurs d'erreurs, et, d'après les individus, et, bien plus, *chez un même individu suivant la valeur de la tension qui règne dans la radiale*. Nous allons revenir plus loin sur cette importante question du rôle joué par l'élasticité.

2) Critique de la compression par Manchon. — Nous avons vu que la compression brachiale est obtenue à l'aide d'un manchon inextensible circulaire doublé à son intérieur d'un coussinet qui tantôt (Reklinghausen, Olliver, etc.), entoure complètement le bras, tantôt ne peut, vu ses dimensions exiguës, entourer le membre et doit être fixé à la face antérieure du bras, au niveau de l'artère humérale qu'il est destiné à comprimer (Vaquez).

Ces deux modes de compression, identiques au premier abord, sont différents en réalité.

Que se passe-t-il, en effet, lorsqu'on applique l'appareil à coussinet demi-circulaire, et qu'on gonfle ledit coussinet: Exactement ce qui se passe lorsqu'on applique la pelote de caoutchouc de l'appareil Potain sur la radiale, le principe est identique.

Dans le cas de la pelote, c'est l'artère radiale que l'on tente d'écraser entre un plan résistant formé par l'os et un agent compresseur, la pelote de caoutchouc ; le manomètre indiquant la pression à laquelle est soumis l'air contenu dans la pelote au moment où, grâce à la contrepression qu'elle permet d'exercer, on obtient le résultat cherché : l'arrêt de la circulation dans l'artère radiale.

Dans le cas du manchon à coussinet semi-circulaire, c'est l'artère humérale que l'on tente d'écraser entre un plan résistant constitué par les tissus du bras, bandés par la ceinture postérieure formée par le manchon inextensible et un agent compresseur, le coussinet élastique, le manomètre indiquant la pression à laquelle est soumis l'air dans le coussinet au moment où, grâce à la contrepression qu'il permet d'exercer, on obtient le résultat cherché : l'arrêt de la circulation du sang dans l'artère humérale.

Dans le cas de coussinet circulaire rien de semblable. On se trouve en effet réaliser l'appareil de démonstration de Pachon que nous décrivons plus loin. Avec cette seule différence c'est que, entre le manchon compresseur rempli d'air et l'artère que l'on cherche à comprimer, est interposée une couche musculaire dont il va falloir tenir compte dans les résultats obtenus.

Supposons que la couche musculaire du bras soit absolument incompressible. Il s'ensuit que la pression artérielle P est égale au produit de la contrepression C, exercée par le manchon, par la surface S, sur laquelle cette contrepression s'exerce,

$$\text{c'est-à-dire :} \quad P = S \times C$$

Or, le manomètre exprimant la pression par centimètre carré, $S = 1$ et l'on a donc

$$P = C \times 1 \quad \text{ou} \quad P = C$$

C'est-à-dire que si l'élasticité de la masse musculaire du bras ne jouait aucun rôle, la valeur de la contrepression exercée représenterait exactement la tension artérielle. Il faut donc chercher à annihiler dans la mesure du possible par une disposition particulière du brassard compresseur, le rôle joué par l'élasticité des masses musculaires, qui représente la seule cause d'erreur dans l'évaluation de la pression.

En se rapportant aux lois de transmission des forces dans les milieux élastiques on sera éclairé à ce sujet. Nous allons d'abord exposer comment on peut expérimentalement se rendre aisément compte de la relation qui existe entre les dimensions de la surface de compression, et l'erreur d'appréciation due à l'élasticité de la couche musculaire interposée.

A la suite d'expériences faites à l'aide de poids agissant sur des surfaces variables comme étendue, Reklinghausen constata qu'il est nécessaire pour réduire l'erreur à son minimum d'employer un manchon d'une hauteur dépassant 12 centimètres.

Après des expériences analogues, nous sommes arrivés sensiblement au même résultat.

Supposons, en effet, que nous voulions arrêter la circulation dans un tuyau de caoutchouc entouré d'une couche de tissus élastiques doués d'une certaine élasticité, à l'aide d'une contrepression exercée à l'aide d'un manchon circulaire rempli d'air.

Exerçons d'abord cette compression en employant un manchon d'une hauteur de 1 centimètre, disposé circulairement à la façon d'un brassard, et mesurons la valeur de la contrepression qu'il faut exercer pour arrêter la circulation dans le tuyau de caoutchouc.

Puis, employons successivement des manchons de hauteur croissante, et notons chaque fois la contrepression qui est nécessaire pour obtenir l'arrêt de la circulation. Nous constatons l'existence d'un rapport inverse entre la hauteur du manchon et la valeur de la contrepression exercée pour arrêter la circulation. A mesure que la hauteur du manchon s'accroît, la valeur de la contrepression nécessaire s'abaisse.

Mais, très sensibles au début de l'expérience, entre les manchons très étroits et des manchons un peu plus larges, les variations de la contrepression vont en diminuant à mesure que les manchons gagnent en hauteur, si bien qu'il arrive un moment où la valeur de la contrepression ne varie plus, quelle que soit la hauteur du brassard. C'est ainsi que chez l'homme, avec des brassards de 15 et 16 centimètres de hauteur, on obtient l'arrêt de la circulation dans l'artère avec une contrepression identique. C'est là également l'avis de Janeway.

Toute la question de la mesure de la tension artérielle en clinique tient en ceci : ne pouvant mesurer la valeur de la tension par les canules introduites dans l'artère, on doit agir indirectement et quel que soit le mode d'application emprunté, quelle que soit la nature de l'agent compresseur, on voit se dresser un obstacle insurmontable, le facteur élasticité. Impossible de l'éluder ; et le sphygmomanomètre idéal, absolument exact, non seulement n'est pas inventé, mais ne le pourra jamais être.

De tout ce que nous avons précédemment exposé il découle que lorsqu'on voudra obtenir des chiffres se rapprochant autant que possible de la réalité, il faudra exercer la compression du membre à l'aide d'un manchon circulaire de 15 centimètres de hauteur. A ce moment la dépense de force soustraite (à la valeur absolue de la contrepression exercée pour noter la valeur absolue de la tension artérielle) dans le but de vaincre la résistance de l'élasticité des tissus, représente le coefficient d'erreur inévitable de l'appareil, et est expérimentalement réduite à son minimum.

Les brassards à large surface de pression présentent encore d'autres avantages.

Si l'on mesure, à plusieurs reprises et successivement, la tension artérielle en employant comme agent compresseur soit la pelote du Potain, soit le patin du Bloch, soit le brassard trop réduit comme dimensions de Hill et Barnard, on obtient des chiffres variant de 1 à 2 degrés, parfois de 3, et même de plus dans quelques cas.

Quelle que soit l'attention apportée, et les précautions avec lesquelles les notations sont enregistrées, on s'aperçoit que, chez la plupart des malades, les diverses mesures ne concordent pas, leur valeur allant généralement en s'abaissant. C'est ainsi que trois examens successifs peuvent fournir les chiffres de 19°, 18°, 17°.

L'insuffisance du palper digital comme moyen de contrôle a été mise en cause pour expliquer ce phénomène, et l'on a conseillé de ne considérer comme valable en pareil cas, que le chiffre le plus bas, noté au cours des examens successifs. Cette insuffisance du contrôle n'est pas toujours, croyons-nous, seule en cause, et il est certainement des cas où la décroissance des chiffres correspond bien à la réalité. Le Hill-Barnard, qui emploie la vue comme moyen de contrôle, permet en effet de contrôler parfois le même phénomène.

Si, au contraire, au lieu d'une pelote exiguë, d'un patin ou d'un brassard étroit, on emploie le manchon de 15 centimètres de hauteur, on ne voit que très rarement se produire pareille chute de la tension ; deux ou trois examens rapides et successifs fournissent des chiffres identiques.

Sans doute serait-ce alors le traumatisme provoqué par l'application d'un agent compresseur *en un point limité*, qui, provoquant des réactions vaso-motrices des parois artérielles, détermine une modification immédiate de la pression. Ces réactions seraient supprimées ou très atténuées lors d'une compression sur une grande surface. Il semblerait que l'on dut au contraire constater en pareil cas une exagération de la pression vasculaire, c'est cependant le contraire qui a lieu, sans doute par paralysie vaso-motrice.

De plus, du fait de la grande hauteur du manchon, la contrepression à exercer pour faire équilibre à la pression artérielle est bien moins violente. Où une contrepression de 20 centimètres par exemple était nécessaire pour obtenir avec une petite pelote appliquée sur la radiale, l'arrêt de la circulation dans cette artère, une contrepression de 14º environ suffit pour obtenir le même résultat dans le cas de brassard de 15 centimèttres. Ce qui n'est pas sans importance car au-dessus de 25 centimètres il peut se produire des contractions musculaires qui viennent fausser la lecture.

Enfin l'application d'un brassard étroit est toujours désagréable et souvent insupportable, la plus grande hauteur du manchon supprime, ou tout au moins diminue cet inconvénient.

Conclusion. — La critique des agents de compression de l'artère, et de leur mode d'application amène donc à faire conseiller l'emploi d'un brassard inextensible doublé intérieurement d'un coussinet élastique circulaire, *d'une hauteur de 15 centimètres* et très exactement applicable. Dans ce cas, les chances d'erreur sont réduites au minimum ; la plupart des sphygmomètres actuels sont du reste basés sur ce principe.

CRITIQUE DES MODES DE COMPRESSION
DANS LA MESURE DE LA TENSION ARTÉRIOLAIRE

Pour mesurer la tension artériolaire, on place, autour de la deuxième phalange du doigt, un manchon inextensible doublé d'un coussinet élastique que l'on gonfle après avoir ischémié la dernière phalange. La contrepression ainsi exercée est mesurée par un manomètre auquel le coussinet est relié. On décomprime lentement. Le sang afflue vers le doigt ; le chiffre indiqué par le manomètre au moment où l'extrémité du doigt de pâle devient rouge, représente la valeur de la tension artériolaire.

L'inventeur de cette méthode, Gaërtner, employait des anneaux en caoutchouc moulés sur le doigt qui épousaient exactement sa forme. Le volume très variable des doigts suivant les sujets nécessitait l'emploi d'un certain nombre de doigtiers.

M. Bouloumié, pour obvier à cet inconvénient, imagina de réunir les divers doigtiers en un seul, d'un diamètre tel que son application soit possible dans la grande majorité des cas.

Mais ce qui est vrai pour le bras, le reste encore pour le doigt ; et si la compression est assez exactement transmise dans le cas où les dimensions du doigt et de l'anneau concordent très exactement, il n'en est plus de même lorsque le doigt pénètre trop librement dans le manchon. Vu la faible hauteur du doigtier, la force dépensée en pure perte devient appréciable, et l'inexactitude de l'appareil varie ainsi, suivant le volume du doigt considéré, dans des proportions variables. Il est préférable pour mesurer la tension artériolaire d'employer un coussinet ajustable qui, par son adaptation exacte au doigt, supprimer cet inconvénient. (Martin.)

CRITIQUE DES MODES D'APPRÉCIATION
DU POULS
SOUS L'INFLUENCE DE LA COMPRESSION

1° Méthode de la palpation digitale du pouls radial. — Cette méthode fut la première employée. Bach, Potain, comprimant progressivement l'artère radiale, notaient le moment où le doigt explorateur placé sur l'artère au-dessous de l'agent compresseur, ne percevait plus aucune pulsation. A ce moment la circulation est arrêtée. La contrepression exercée équivaut donc alors à la pression dans l'artère, et son estimation au manomètre donne la mesure de la tension dans la radiale ; de la tension maxima, naturellement, et de la tension maxima seulement. La contrepression exercée étant telle qu'elle s'oppose à la circulation sanguine même dans les moments où la tension est le plus élevée.

Mais, si parfois le doigt est capable d'apprécier exactement l'arrêt du pouls, bien plus fréquemment même, pour l'observateur le plus exercé, l'hésitation est possible.

Deux méthodes d'investigations ont été proposées : 1° on suspend la circulation dans l'artère par une compression progressive, et l'on note le moment où le pouls n'est plus perçu : 2° ou bien, après avoir écrasé l'artère avec force, arrêtant ainsi toute pulsation, on essaie de fixer, au cours d'une décompression lente, le moment de la réapparition des pulsations radiales.

Presque invariablement, on obtient ainsi deux chiffres

différents. Que faire? On a conseillé de choisir le plus bas.
Mais, pourquoi le plus bas? Potain préférait, en ce cas,
prendre une moyenne entre les deux chiffres obtenus, et
admettait que le troisième chiffre représentait réellement
le degré de tension maxima.

Quelle que soit la méthode employée, l'appréciation du
moment exact où toute pulsation disparaît est parfois bien
difficile à obtenir dans le cas de pression supérieure à 20°.

Méthode instrumentale d'exploration du pouls radial. —
La difficulté du contrôle par le doigt, et la subjectivité fort
préjudiciable de cette méthode d'exploration, suggéra l'idée
de remplacer le palper digital par une instrumentation
spéciale dont la première qualité est d'être essentiellement
objective. Masing, le premier, eut l'idée de vérifier par
un sphygmographe les modifications du pouls radial sous
l'influence de la compression humérale par un brassard de
Riva-Rocci. Dans le sphygmosignal de M. Vaquez les
pulsations de la paroi artérielle sont transmises à un index
oscillant : aussi longtemps que le sang circule dans l'artère
l'index présente des oscillations et, au moment où, par
suite de la contrepression exercée en amont, la circulation
s'arrête, les oscillations sont supprimées. A ce moment
l'aiguille du manomètre en rapport avec le manchon compresseur indique la tension artérielle maxima. Cet appareil
donne ainsi exactement la tension maxima ; on a objecté
cependant que la contrepression est exercée sur l'artère humérale, alors que l'index de contrôle indique
l'arrêt de la circulation dans la radiale, et que le manchon
de caoutchouc demi-circulaire dont il est muni ne s'applique qu'à la face antérieure du membre, ce qui rend possible

les objections théoriques que nous avons précédemment détaillées.

Enfin, tous ces appareils ne permettent de mesurer que la seule tension maxima. Convaincus de l'importance capitale que présente la connaissance, non seulement de la tension maxima, mais aussi celle de la minima ou constante, quelques auteurs (Strasbürger, Fellner, Josué) préconisent un autre procédé.

La contrepression humérale étant exercée par un large brassard, on place le doigt explorateur sur l'artère radiale et on apprécie : 1° d'abord la tension maxima en notant le moment où disparaît le pouls, 2° puis la tension minima, en notant le point où la paroi artérielle présente ses plus grandes oscillations, où le pouls est le mieux senti sous le doigt explorateur.

Il est possible qu'après une éducation du toucher *très exceptionnelle*, on puisse arriver ainsi à une appréciation *relative* de la tension minima. Mais, si l'appréciation de l'arrêt complet du pouls est déjà bien délicate, celle du moment où la paroi présente ses plus grandes oscillations l'est encore bien plus, et ce procédé ne peut, croyons-nous, donner de résultats, même approximatifs, purement subjectifs et variables d'un observateur à un autre, que si ces observateurs sont tout à fait spécialisés dans ce genre de recherches.

Méthode visuelle et objective d'appréciation des modifications du pouls sous l'influence de la compression. — Pour ces diverses raisons, Hill et Barnard préférèrent s'adresser au sens de la vue, et construisirent un appareil où, sur un manomètre très sensible et à large cadran, une aiguille en rapport avec le brassard compresseur huméral traduit, par ses oscillations propres, les oscillations de la paroi artérielle. A l'oscillation maxima de l'aiguille correspond, d'après ces auteurs, la tension moyenne du sang dans l'artère. En réalité, la mesure ainsi obtenue n'est ni la tension moyenne, ni la tension diastolique (comme le croit Janeway), mais la tension minima, ou constante.

Une expérience de M. Pachon le démontre nettement.

Un gros cylindre est obstrué à chacune de ses extrémités par un bouchon traversé par :

1º Un tube en verre de calibre réduit communiquant avec son homologue du côté opposé, par un cylindre élastique de caoutchouc, livrant passage à un courant d'eau que l'on soumet à un régime analogue à celui du sang dans les artères de l'homme, ce qui est réalisé en faisant l'expérience sur un schéma de circulation.

2º Un deuxième tube en verre, en rapport par l'une de ses extrémités avec une soufflerie, par l'autre avec un manomètre à mercure.

On a ainsi réalisé un appareil tel que :

1º Le cylindre de caoutchouc représente l'artère humérale de l'homme.

2º Le cylindre extérieur de verre constitue un brassard inextensible et circulaire à l'intérieur duquel on peut, à l'aide de la soufflerie, établir une contrepression dont le manomètre à mercure permet d'apprécier la valeur.

a) Le courant d'eau qui traverse le cylindre de caoutchouc représente le cylindre sanguin artériel, et est soumis comme lui à une série de pressions variant rythmiquement et allant, d'une pression maxima qui n'est jamais dépassée à aucun moment, à une pression minima ou constante au-dessous de laquelle la pression ne descend jamais.

Supposons que la contrepression exercée dans le réservoir soit nulle. La colonne de mercure du manomètre avec laquelle le réservoir est en rapport ne présente aucune oscillation. Etablissons dans le réservoir une contrepression progressivement croissante. Aussitôt nous voyons la colonne de mercure s'élever et présenter une série d'oscillations très légères d'abord, puis allant en s'accentuant. Ces oscillations traduisent les variations rapides de pression qui, sous l'influence des vibrations de la paroi du cylindre de caoutchouc (l'artère), existent dans le réservoir (le manchon).

La contrepression croissant encore les oscillations augmentent d'amplitude. Un point est enfin atteint où les oscillations présentent un maximum, pour décroître dans la suite. A ce moment précis le manomètre en rapport avec le réservoir indique exactement le chiffre qui, au manomètre en rapport avec le régime circulatoire, mesure la tension minima, ou constante. A la plus grande oscillation de la paroi artérielle correspond donc la tension minima ou constante.

Cette expérience ne fait que confirmer les résultats fournis par l'étude raisonnée des phénomènes. Une artère ne présente, en effet, sous l'influence des ondées sanguines qui la traversent, que des variations de volume à ce point infimes — comme l'a démontré Poiseuille — que leur existence même fut longtemps contestée. Mais, sur cette paroi artérielle distendue, du fait de la pression exercée à son intérieur par le courant sanguin, établissons une contrepression légère, à l'aide soit du doigt, soit d'un manchon circulaire gonflé d'air. Nous *soulageons* cette

paroi artérielle, et lui permettons d'osciller ; d'abord minimes, les oscillations gagnent en amplitude, à mesure que la
contrepression tend par son accroissement à faire équilibre à la pression sous laquelle le sang chemine à l'intérieur de l'artère.

Au moment ou pression minima et contrepression sont
égales, l'amplitude des oscillations atteint son maximum.
L'élasticité de la paroi peut alors donner toute sa mesure,
tandis qu'à l'état normal des choses la pression artérielle
n'étant pas contrebalancée par une contrepression périphérique quelconque, la paroi du vaisseau est assez fortement
distendue pour que les variations rythmiques, au moment
des systoles et des diastoles, soient incapables de provoquer
une modification appréciable du volume extérieur de
l'artère (Pachon).

Cette méthode d'appréciation visuelle de la tension nous
semble la plus simple et la plus exacte. Après quelques
essais, l'œil s'habitue très vite à distinguer l'amplitude
variable des oscillations. Dans le cas où le point exact de
l'oscillation maxima est difficile à préciser, on peut noter les
deux degrés entre lesquels cette oscillation maxima se
produit, 120 millimètres et 110 millimètres par exemple ;
la moyenne entre ces deux chiffres, 115 millimètres, représente le chiffre de la tension minima.

Après avoir, dans nos recherches, employé tous ces divers
procédés, nous avons cru devoir préférer cette méthode des
oscillations non seulement pour apprécier la tension minima,
mais aussi la tension maxima.

Reportons-nous à la démonstration donnée plus haut
et continuons l'expérience en cours, au point où nous
l'avons arrêtée, c'est-à-dire au moment où, par suite de la

contrepression exercée dans le manchon, nous avons obtenu la pression minima, indiquée par les oscillations maxima de la colonne de mercure.

Augmentons progressivement la contrepression ; « à un moment donné le conduit élastique devient vide de liquide dans l'intervalle des pulsations, et n'en reçoit plus que dans les instants où la pression s'élève à son maximum. Plus tard, c'est à peine si le liquide pénètre même pendant les maxima. Encore un degré dans la contrepression, et il n'y a plus de pénétration du liquide. Pendant cette dernière phase, les oscillations de la colonne de mercure ont été en décroissant, et ont fini par s'éteindre. Le moment de la disparition des oscillations correspond donc à la tension maxima.

Cette méthode de la détermination visuelle des tensions est d'une sensibilité extrême et de beaucoup la plus précise. Considérons, en effet, ce qui se passe lorsqu'on l'emploie en utilisant notre sphygmométroscope, et, en quelques coups de pompe, établissons dans le manchon une contrepression telle que l'aiguille du manomètre indique un chiffre, 200° par exemple, et ne présente plus d'oscillation sensible. (*Voir page* n° 109)

Ouvrant très légèrement la valve, nous diminuons la contrepression l'aiguille descend lentement. Bientôt, arrivée au chiffre 135 mill. par exemple, elle présente des oscillations nettes. Maintenons la pression à ce niveau, et observons l'aiguille : un instant, ses oscillations disparaissent, quelques instants plus tard elles reparaissent. Pourquoi ? C'est que ce point, 135 mill., est l'extrême limite de la tension artérielle du sujet observé, sa véritable tension maxima, celle qui est atteinte lorsque les variations respiratoires et

celles vaso-motrices, de Sigmund-Meyer, portent la tension
à une hauteur telle qu'elle n'est jamais dépassée. Soit donc,
par exemple, 135 mill. ce point.

| ¶Au moment où les oscillations de l'aiguille disparaissent,
la tension s'est bien réellement abaissée momentanément
dans l'artère. Laissons de nouveau décroître lentement la
contrepression. Nous arrivons à un chiffre, 128 mill. par
exemple, où des oscillations nettes existent constamment.
C'est qu'alors la contrepression exercée égale à ce moment
exactement la tension artérielle maxima à son point le plus
bas ; c'est-à-dire que : oscillations respiratoires et vaso-
motrices de Sigmund-Meyer ont pour limites d'action
128 mill., comme point le plus bas, et 135 mill. comme
point le plus élevé. Et, que l'on trouve comme chiffre
exact de tension maxima soit 128 mill., soit 135 mill., suivant l'instant considéré, suivant que la pression artérielle
est, à cet instant même, influencée en plus, ou en moins,
par les deux causes précitées, l'écart indiqué par le
sphygmométroscope existant bien réellement dans l'artère.

Enfin cette méthode oscillatoire visuelle présente encore
ce grand avantage de n'être pas subjective. Plusieurs
observateurs examinant un même sujet peuvent s'accorder
absolument sur le chiffre de la tension artérielle — accord
bien rare avec les autres instruments. — Avec notre sphygmométroscope, la tension maxima est mesurée exactement
à 2 millimètres près.

Critique de la méthode graphique. — Quelques auteurs,
Masing, Strauss, Gibson, Lagrange entre autres, considérant comme très précise la mesure oscillatoire de la
tension, mais se défiant de leur propre contrôle visuel dans

l'appréciation des oscillations de l'aiguille, ont adopté un dispositif spécial qui leur permet d'inscrire les oscillations d'un index sur un rouleau enfumé.

La tension maxima est indiquée, au cours de la décompression, par les premières oscillations visibles sur le rouleau, la tension minima correspond à l'oscillation la plus grande, au moment où la courbe d'oscillations devient un peu plus basse. Cette méthode, susceptible de donner des renseignements très exacts, nécessite des appareils compliqués et a l'inconvénient d'être difficile à utiliser pour la mesure clinique de la tension.

Critique du mode d'appréciation de la tension artériolaire. — Le doigtier de Gaërtner mesure la pression sous laquelle le sang circule dans les petites artères digitales, la tension artériolaire, et non la tension artério-capillaire.

Des discussions se sont en effet élevées sur l'appellation que l'on devrait octroyer à la variété de tension ainsi observée. Il est cependant évident que l'appellation d'artério-capillaire doit être absolument écartée (Pachon). Dans le système circulatoire, la progression du sang est assurée, dans le cœur, les artères, les capillaires et les veines, par une série de contractions musculaires cardiaques, artérielles, capillaires et veineuses, ces divers organes réagissant ainsi les uns sur les autres pour maintenir l'équilibre nécessaire. Il n'est donc pas douteux que le rétrécissement des artérioles périphériques ne soit susceptible de modifier la hauteur de la tension dans les artères de gros calibre, radiale et humérale, par exemple. Il n'est pas non plus douteux qu'un obstacle à la progression du sang dans les veines, ne puisse modifier les conditions de la circulation dans les capillaires

(Marey). Il est également reconnu que l'état de cette circulation capillaire peut réagir sur celui de la circulation dans les artérioles. Cependant, du fait de ces réactions, l'idée ne viendrait à personne de confondre sous une même dénomination les tensions artérielle et veineuse, par exemple, ou veineuse et capillaire. Pourquoi laisser supposer par l'appellation d'artério-capillaire que la pression dans les artérioles digitales est une pression à la fois capillaire et artérielle ; car, en employant cette expression, les auteurs ne peuvent évidemment pas avoir l'idée d'exprimer que la tension dans les artérioles et les capillaires soit identique ni même voisine ; la Physiologie montre les différences énormes de pression qui règne dans les deux systèmes, artériel et capillaire, différence qui est expliquée par ce fait que le sang d'abord contenu sous une pression élevée dans des tubes étroits, les artères, vient aborder les tissus sous une pression infime, après s'être répandu dans un véritable lac formé par le réseau des capillaires.

La tension artériolaire présente, elle aussi, un maximum et un minimum. Quelle est de ces deux tensions celle que mesure l'anneau digital.

Pour les uns, la tension notée correspondrait à la tension artérielle moyenne ; mais cette opinion ne peut s'appuyer sur aucune base. D'autres pensent qu'il s'agit de la tension minima. Nous croyons devoir nous ranger à l'avis de M. Pachon, pour qui la tension fournie par le manchon digital et suivant la technique que nous indiquons plus loin, est la tension artériolaire infra-maxima, c'est-à-dire tout à fait voisine de la tension artériolaire maxima, mais un peu inférieure à elle. C'est aussi l'opinion de Janeway.

En effet, lorsque après avoir ischémié le doigt, gonflé le

manchon pour faire obstacle au retour du sang, nous laissons s'échapper lentement l'air contenu dans l'appareil, l'aiguille du manomètre portée à un point très élevé, revient sur elle-même, et à un certain moment le doigt devient rouge. La compression péridigitale n'est plus, à ce moment, suffisante pour entraver complètement la circulation dans l'artère, et, sous l'influence d'une ondée systolique, un peu de sang s'est répandu dans les tissus de l'extrémité du doigt et les a colorés en rose. La contrepression exercée et le chiffre qui la mesure indiquent donc que l'on se trouve alors immédiatement au-dessous de la pression systolique et maxima ; c'est une tension artériolaire infra-maxima. Mais nous rappelons que l'amplitude du pouls, l'écart entre les tensions maxima et minima, va en diminuant du centre vers la périphérie du système artériel, et qu'au niveau des artérioles elle est devenue sensiblement plus faible.

Nous voyons ici surgir une nouvelle difficulté. Si la compression est lente, la tension notée est exacte. Mais décomprimons plus brusquement. Le chiffre observé est un peu inférieur au précédent, et ceci s'explique facilement, la rapidité de la recoloration de l'extrémité du doigt en rouge vif n'ayant pas permis de préciser le moment du début de la recoloration. Mais, en réglant la décompression de telle sorte que l'aiguille descende sur le cadran avec une rapidité sensiblement égale dans tous les cas (ce qui est facile à obtenir avec un robinet ou une valve), en observant avec soin les changements de couleur du doigt, le chiffre obtenu au moment de la réapparition de la coloration rosée est certainement très voisin de la vérité.

Critique des Manomètres. — Les manomètres à mercure

semblent devoir être l'idéal pour mesurer la tension artérielle ; aucun appareil mécanique ne pouvant pour l'exactitude rivaliser avec eux. Leur principal inconvénient est de n'être pas portatifs, de se renverser facilement. On a essayé d'y remédier (Stanton, Sahli), mais incomplètement. Le deuxième est que le tube de verre se ternit parfois ce qui rend la lecture difficile. Enfin, pour pouvoir étudier les tensions par la méthode visuelle des oscillations de la colonne de mercure, il est nécessaire que le diamètre de cette colonne soit assez considérable. Dans le cas de lumière insuffisante, le mercure adhère trop fortement aux parois du tube, et ne présente que des oscillations insuffisantes. La lecture du chiffre de tension ne peut alors se faire qu'avec le contrôle du doigt sur l'artère radiale. Aussi avec les manomètres à mercure des appareils Cook, Martin, etc., on ne peut apprécier la tension minima, et la tension maxima n'est indiquée que par la disparition du pouls radial sous l'index explorateur.

Les manomètres métalliques bien construits sont pratiquement bien préférables. Ils sont portatifs et d'une sensibilité suffisante. L'aiguille traduit la plus légère oscillation de la paroi artérielle.

Pour mesurer la pression par la méthode oscillatoire, la plus pratique, un manomètre avec un large cadran est absolument nécessaire ; l'amplitude des oscillations de l'aiguille est ainsi bien plus facilement appréciée.

LA MESURE DE LA TENSION ARTÉRIELLE

Qu'évalue-t-on exactement lorsqu'on mesure la pression artérielle à l'aide d'un sphygmomètre, aussi bien à pelote qu'à brassard.

Von Bach et Potain avaient appelé l'attention sur ce fait que l'élasticité de l'artère joue un certain rôle, intervenant dans le cas d'altérations scléreuses des tuniques pour hausser le chiffre de la tension observée. Ces auteurs estimaient que l'élévation ainsi provoquée ne dépassait pas 0,05 millimètres de mercure. Russel, Huchard et Bergouignan ont de nouveau insisté sur la nécessité où l'on est de tenir compte de ce facteur.

D'un réservoir placé à une certaine hauteur, faisons écouler un liquide sous une pression connue à travers une série de tubes de caoutchouc de lumière égale, mais à parois variables comme épaisseur, allant d'une extrême élasticité à une résistance assez grande. Mesurons la pression qu'il est nécessaire d'exercer sur les divers tubes pour arriver à arrêter complètement l'écoulement du liquide. Malgré l'égalité des pressions, les chiffres indiqués par les manomètres sont différents pour chacun de ces tubes, croissant à mesure que les parois considérées sont plus épaisses, plus résistantes, moins élastiques.

Les choses se passent de façon identique lorsque, à l'aide de la pelote du sphygmomanomètre de Potain, on comprime l'artère radiale : la force déployée égale en réalité la pression sanguine augmentée d'un certain chiffre représentant la force qu'il est nécessaire de déployer pour vaincre la résistance de la paroi vasculaire.

Si on ajoute à cela que, sur un sujet vivant, la tunique artérielle présente, suivant l'état de contraction plus ou moins grand de ses éléments musculaires, une résistance propre, en rapport avec son état de contraction ou de relâchement, on voit que le chiffre lu sur le manomètre au moment où la compression exercée par la pelote arrête le cours du sang dans l'artère, exprime la force que l'on a dû déployer pour vaincre : 1º la rigidité propre de la paroi artérielle ; 2º la rigidité particulière due à la contraction de la paroi ; 3º la pression du sang.

Les artères sont-elles souples, peu contractées, le manomètre correspond sensiblement à celui de la pression artérielle. Sont-elles dures, contractées, le chiffre indiqué n'exprime plus que la pression qu'il faut exercer pour vaincre une série de résistances, la part revenant à chacune d'elles étant impossible à préciser (Russel).

En réalité, si l'on ne peut faire abstraction de la résistance propre de la paroi vasculaire, que des lésions cellulaires peuvent modifier, peu importe que l'artère soit ou non en état de tonus, en état de contraction, car l'état de tonus artériel règle le degré de la pression sanguine, tension artérielle et pression artérielle ne pouvant s'exprimer que par un seul et même chiffre. « Il est de toute évidence, dit Pachon, que *pression du sang dans les artères*, et *tension artérielle* sont, à tout instant, équivalentes, l'un des phénomènes faisant équilibre à l'autre. On ne saurait donc opposer, comme on l'a fait quelquefois, les modifications de la pression du sang dans les artères aux modifications de la tension artérielle par variations dans le tonus des vaisseaux artériels. A un état donné de tension artérielle, survenant par un mécanisme actif, c'est-à-dire par modification du tonus artériel, correspond un état exactement semblable de la pression du sang dans le territoire artériel considéré. Ces deux phénomènes se font, à tout instant, équilibre ; le sang accumulé dans l'artère exerce contre cette artère une pression P, pour laquelle l'artère se distend jusqu'à ce que, et *nécessairement mais seulement*, jusqu'à ce que la force de réaction élastique due à la tension de l'artère soit précisément égale à cette valeur P. En tout état, dans toute variation de la pression du sang ou de la tension artérielle, que ce soit sous l'influence cardiaque, ou sous l'influence vaso-motrice, ces deux facteurs, pression du sang dans les artères et tension artérielle, sont donc toujours équivalents ; ils se font équilibre l'un à l'autre. »

En réalité, les objections opposées à la mesure clinique de la tension artérielle n'ont donc pas une importance pratique telle que l'on doive considérer les résultats qu'elle fournit comme insignifiants. Ces résultats présentent au contraire un réel intérêt pour le diagnostic, le pronostic et surtout le traitement à instituer.

Conditions pour la notation exacte de la tension. — Chez un sujet dont on examine la tension artérielle, on peut voir cette tension se modifier d'instants en instants par les oscillations dites respiratoires et des oscillations vaso-motrices d'ordre indéterminé.

Ces variations, lorsque la tension est observée dans de bonnes conditions, sont, dans la très grande majorité des cas, minimes, et ne dépassent guère 4 à 5 millimètres de mercure.

Mais la pression artérielle n'étant que le résultat de deux éléments antagonistes, le cœur et les vaso-moteurs, constamment en équilibre instable, toute cause qui agira sur l'un des éléments, activant ou retardant les contractions cardiaques, dilatant ou resserrant la lumière des vaisseaux, agira par contre-coup sur la tension qui pourra être modifiée. Il s'ensuit que l'on devra se placer toujours dans des conditions identiques, lorsqu'on voudra étudier d'une façon très précise la marche de la pression au cours d'un traitement.

Sans discuter ici la répercussion que peuvent avoir sur la tension le travail intellectuel, l'émotion, les repas, etc., etc., nous croyons cependant devoir signaler que ces divers facteurs entrent en jeu pour modifier la pression, surtout dans les cas anormaux (la tension chez un homme sain étant malgré tout assez fixe, surtout la tension minima), et insister sur les quelques conditions indispensables à la prise des notations exactes. Les recherches ont d'ailleurs le plus souvent donné des résultats assez contradictoires.

1° La pression varie suivant le moment du jour où elle est observée. Un peu plus basse le matin, elle présenterait une légère élévation l'après-midi, et retomberait de nouveau dans la soirée. Ces variations chez un sujet sain sont très faibles, dépassant rarement 1 centimètre de mercure, et encore peut-on admettre avec Janeway et Goldwater que cette élévation serait en partie due au travail intellectuel de la journée.

2° Les repas abaissent la pression minima (Colombo, Weiss), élèvent généralement la pression artériolaire (Jelliweck), élèvent la tension maxima et abaissent la minima de 5 millimètres environ (Janeway). Élévation et chute sont, en somme, peu accentuées chez un sujet sain.

3° L'influence des émotions est manifeste, élevant momentanément la pression ; d'où la nécessité de recommander le plus grand calme au sujet dont on détournera l'attention.

4° Le travail intellectuel présente une influence analogue, agissant plutôt sur la tension maxima (Janeway).

5° L'influence du travail musculaire est telle, que l'on devra toujours examiner le sujet au repos complet, sous peine de voir les notations perdre toute leur valeur. Le moindre travail élève très rapidement la tension artérielle.

6° La température extérieure modifie la tension, surtout la tension artériolaire.

En résumé, il est nécessaire de noter la tension d'un sujet toujours à la même heure, après une période de repos intellectuel et physique, avant le repas, ou lorsque la digestion est terminée, à des températures sensiblement égales. Il faut prendre soin de placer le malade dans la même position, de préférence couché; l'appareil sera placé au niveau du cœur ; la pression mesurée à la pédieuse, à la temporale ou à la radiale, en position assise, différant, chez un même sujet, de plusieurs degrés, du seul fait de la différence de niveau.

INSTRUMENTATION

APPAREILS MESURANT
LA PRESSION ARTÉRIELLE MAXIMA

APPAREIL DE BACH

PREMIER MODÈLE (1876)

Description. — Une pelote est reliée à un manomètre par un tube inextensible muni d'une canule en T. La branche verticale de la canule supporte un entonnoir dans lequel on verse une certaine quantité d'eau destinée à remplir la pelote et le tube. Une pince arrête toute communication avec l'extérieur quand le 0° du manomètre à mercure a été établi.

Technique. — On applique la pelote remplie préalablement d'eau sur une artère facilement compressible sur un plan osseux sous-jacent (temporale ou radiale).

L'index de la main opposée apprécie le moment de l'apparition de la première pulsation radiale au cours d'une décompression lente ; ou, au contraire, le moment de la disparition du pouls au cours d'une compression progressive, à l'aide de la pelote. Le chiffre indiqué à ce moment par le manomètre indique la pression artérielle.

Deuxième Modèle

Cet instrument est une variante du précédent, dans laquelle la pelote et le manomètre ont subi certaines modifications. Le manomètre à mercure y a été remplacé par un manomètre métallique ; la compression par l'intermédiaire de l'eau y est remplacée par la compression par l'air.

Cet appareil mesure la tension artérielle maxima.

SPHYGMOMANOMÈTRE DE POTAIN

Description de l'appareil. — Il se compose d'une ampoule de caoutchouc, d'un tube de transmission, d'un tube de remplissage, branché sur le premier, et d'un manomètre métallique.

L'ampoule, de forme ellipsoïde, doit avoir, quand elle est

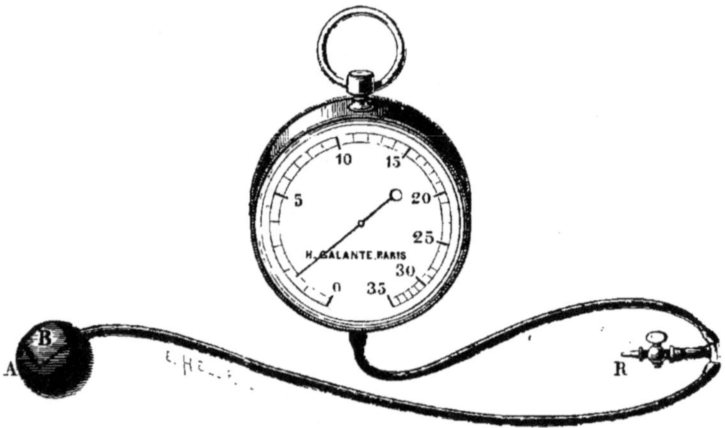

Fig. 1. — Sphygmomanomètre Potain.

distendue par une pression de 3 centimètres de mercure, une longueur de 3 centimètres et un diamètre transversal de 2 centimètres et demi. Plus volumineuse, elle est encombrante, et s'applique mal ; plus petite, elle serait écrasée avant d'arriver aux pressions les plus fortes qu'on peut avoir à observer. Elle est formée de quatre secteurs collés ensemble. Trois de ces secteurs sont assez épais et assez résistants pour ne pas se laisser distendre, même à une pression qui avoisine 30 centimètres de mercure. Un quatrième, qui doit être appliqué sur la peau et transmettre la pression à l'artère, est aussi mince que possible et renforcé seulement près des pôles. La difficulté principale qu'offre la construction de ces ampoules est le choix du caoutchouc dont est formée cette partie mince. Trop faible, il cède, fait hernie, et se détériore rapidement, pour peu qu'on ne prenne à manœuvrer l'instrument des précautions suffisantes. J'ai eu de ces ampoules d'excellente qualité, dont j'ai pu me servir incessamment pendant une année entière, les tenant sans précautions dans la poche de mon tablier d'hôpital sans qu'il leur advînt la moindre avarie. Malheureusement, rien n'est variable comme la qualité du caoutchouc, et cette partie de l'instrument est sujette à des détériorations rapides. Mais elle est aussi facile à remplacer.

Le tube de transmission doit avoir une paroi très résistante et un calibre intérieur aussi réduit que possible. Si sa capacité était trop grande, la masse d'air qui s'y trouve se laisserait trop aisément comprimer et l'ampoule s'affaisserait sans donner d'indications.

Le tube latéral, terminé par un robinet, sert à insuffler de l'air dans l'appareil et à l'y porter à la tension convenable. La tension initiale qu'on établit ainsi est absolument arbitraire. Elle est indispensable au bon fonctionnement de l'appareil, mais elle n'a aucune influence sur les résultats qu'on obtient ensuite, pourvu qu'on ne la porte pas trop loin. Celle que j'ai adoptée comme règle générale est de 3 centimètres de mercure. Si l'on a à explorer des artères excessivement résistantes, il peut y avoir intérêt à dépasser ce chiffre et à le porter à 5. Quand on ne se sert pas de l'instrument, le mieux est de maintenir le robinet ouvert et l'ampoule vide pour l'exposer moins aux causes de détériorations.

Le manomètre est construit sur le principe des baromètres métalliques à capsules. Sa cavité est mise en rapport avec celle de l'ampoule par l'intermédiaire du tube qui les unit. Il indique la pression à laquelle l'air est porté dans l'ampoule quand on comprime celle-ci. Ce qui importe surtout, c'est qu'il soit sensible et obéisse sans à-coups.

Technique. — L'avant-bras doit être placé horizontalement et dans la demi-pronation, la main pendante vers le bord cubital.

L'avant-bras ayant été posé dans la situation qu'on vient de voir, on place le manomètre à petite distance, de façon qu'il se trouve sous l'œil de l'observateur, par exemple sur le lit du malade. Puis si on opère sur le poignet gauche, de la main droite on saisit l'ampoule et on l'applique par sa partie mince sur la portion de l'avant-bras qui correspond à la face antérieure de l'extrémité inférieure du radius. Son grand axe doit correspondre aussi exactement que possible au trajet de la radiale, le tube étant dirigé par en haut, c'est-à-dire vers la partie supérieure de l'avant-bras, et le pôle inférieur laissant entre lui et l'interligne radiocarpien un espace de deux doigts environ. On place alors l'indicateur de la main droite sur la paroi de l'ampoule opposée à celle qui est en contact avec la peau et le pouce sur la face dorsale du radius, de façon à former une sorte de pince qui rende la compression facile et régulière.

L'index doit être posé bien à plat et très exactement au centre de l'ampoule ; il doit couvrir la face qu'il déprime, de manière à l'écraser commodément et régulièrement.

Les choses étant ainsi disposées, on applique l'index de la main gauche sur la radiale, immédiatement au-dessous de l'ampoule et de façon à sentir très distinctement les battements de l'artère avec l'extrémité de la pulpe du doigt. Puis le médius est posé immédiatement au-dessous et presse l'extrémité inférieure de la radiale, de façon à comprimer énergiquement cette partie de l'artère et à empêcher toute récurrence par l'arcade palmaire.

Tout étant ainsi en position, on s'assure que l'artère est bien distinctement sentie par l'index appliqué sur elle et que celui-ci n'appuie ni trop, ni trop peu; car dans l'un et l'autre cas, la perception serait insuffisante et disparaîtrait trop tôt. Après quoi on exerce une pression graduelle sur l'ampoule, jusqu'à ce que les battements de la radiale cessent d'être perçus par l'index gauche. A ce moment, on s'arrête et on note l'indication donnée par le manomètre. On s'assure, par des pressions variées du doigt qui tâte le pouls, que les pulsations de l'artère sont véritablement éteintes.

Dans l'application du sphygmomanomètre, trois points méritent donc une attention spéciale : « 1ᶜ la position de la pelote dont l'axe doit répondre exactement à la direction de l'artère : 2⁰ la pression exercée sur elle par l'index, pression qui doit être perpendiculaire à la face antérieure du radius ; 3⁰ la pression du doigt qui tâte la radiale. Cette pression doit être soigneusement ménagée, car, trop faible, elle abandonne l'artère dès que celle-ci est un peu déprimée par la pelote ; trop forte, elle écrase le vaisseau et fait disparaître toute perception des battements, avant que ceux-ci soient véritablement éteints par l'instrument. »

Le sphygmomanomètre de Potain permet de mesurer la tension artérielle maxima.

SPHYGMOTONOMÈTRE DE P. BOULOUMIÉ

Description de l'appareil. — Cet appareil, association du
sphygmomanomètre Potain, et du tonomètre de Gaërtner,

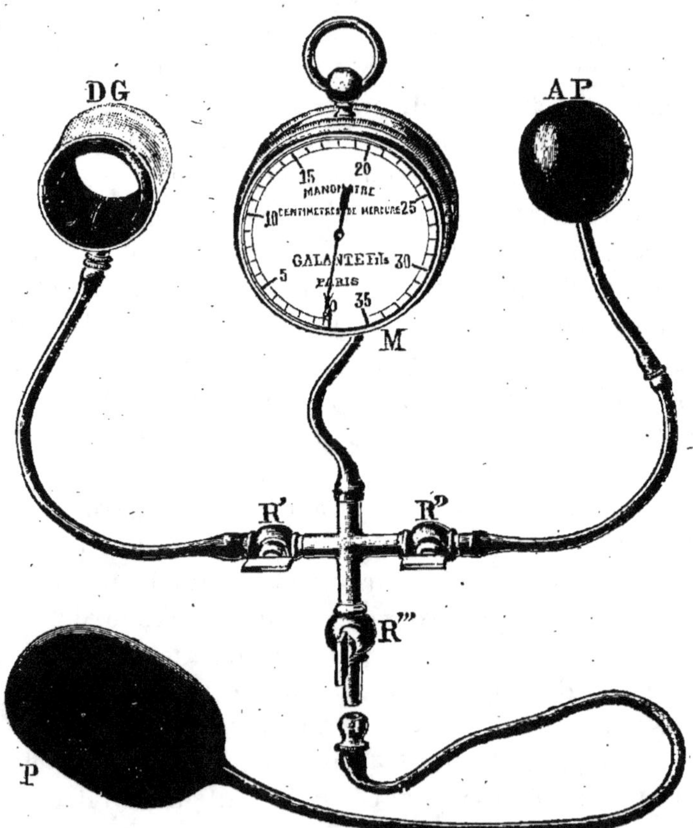

Fig. 2. — Sphygmotonomètre de P. Bouloumié.

se compose de 5 organes : l'ampoule, le doigtier, une poire de
caoutchouc, un manomètre et une pièce de connexion à robi-

nets. Trois des branches de cette pièce portent des robinets R', R'', R''' destinés à établir ou à supprimer, suivant les recherches, la communication avec tel ou tel des autres organes de l'appareil.

Recherche de la tension artério-capillaire. — Les robinets R' et R''' étant ouverts et le robinet R'' étant fermé, le doigt du sujet est engagé dans le doigtier DG et anémié par compression à l'aide d'un tube de caoutchouc souple. Le manchon du doigtier est insufflé en comprimant la poire P, jusqu'à ce que le manomètre marque de 23 à 25 centimètres de mercure. Le tube de caoutchouc étant enlevé, on diminue la contrepression jusqu'à l'apparition de la rougeur franche de l'extrémité digitale. La lecture du chiffre indiqué alors par l'aiguille du manomètre indique la pression artério-capillaire.

Recherche de la tension artérielle. — Fermer le robinet R' et ouvrir les robinets R'' et R''', l'ampoule AP est alors gonflée avec la poire P jusqu'à déterminer dans l'appareil la tension initiale indiquée par Potain (de 3 à 5 centimètres de mercure). Le robinet R''' est alors fermé et l'ampoule AP appliquée sur la radiale, conformément aux règles établies par Potain.

Cet appareil permet la mesure de la tension artérielle maxima et de la tension artériolaire.

APPAREIL DE BLOCH

Description de l'appareil. — 1° Un cylindre métallique gradué par des divisions transversales est contenu dans un tube métallique servant d'étui.

1° Un ressort métallique à boudin maintenant le cylindre intérieur dans le tube.

3° Une tige métallique en rapport avec le cylindre.

Une pression sur cette tige métallique déplace le cylindre dans l'étui. Le chiffre placé en regard de la division du cylindre qui affleure à ce moment le bord supérieur de l'étui indique la valeur de la pression exercée.

Technique. — De la main gauche on saisit le poignet du malade, les quatre doigts en dessous, le pouce appliqué sur la radiale, au point où l'on palpe le pouls. L'instrument saisi de la main droite est appliqué verticalement sur le pouce de la main gauche, de telle sorte que l'extrémité de la tige métallique soit appliquée perpendiculairement sur l'ongle de ce doigt. On comprime progressivement jusqu'à ce que la circulation soit interrompue. Le chiffre lu à ce moment sur la graduation indique la valeur de la pression artérielle.

Le pouce de la main gauche doit rester passif, et n'aider ni entraver la circulation.

Cet appareil qui n'a aucune valeur est censé mesurer la tension artérielle maxima.

SPHYGMOMANOMÈTRE DE RIVA-ROCCI

Description. — 1º Un brassard circulaire dans lequel le bras est engagé, est en rapport avec :

2º Une soufflerie Richardson ;

3º Un manomètre à mercure.

Technique. — La main droite, agissant sur la soufflerie, comprime progressivement le bras, en insufflant de l'air dans le brassard. L'index de la main gauche recherche le moment où le pouls radial disparaît.

Le chiffre lu sur le manomètre au moment de la disparition du pouls radial indique la valeur de la pression artérielle.

Avec cet appareil on mesure la tension artérielle maxima.

APPAREIL DE HENRIQUEZ ET HALLION

Description. — Un manomètre métallique gradué de 0 à 30 centimètres de Hg est en relation avec un brassard de caoutchouc, muni d'une boucle, que l'on ajuste autour du bras.

Une soufflerie Richardson permet de comprimer l'air dans le brassard.

Technique. — Le brassard étant ajusté autour du bras,

le gonfler à l'aide de la soufflerie. Un doigt placé sur la radiale du sujet permet d'apprécier le moment de la disparition du pouls radial. Le chiffre indiqué à ce moment par le manomètre est celui de la tension maxima.

SPHYGMOSIGNAL DU Dr VAQUEZ

Description de l'appareil. — L'appareil est composé de :
1° *Un brassard de Riva-Rocci modifié* (B) que l'on applique

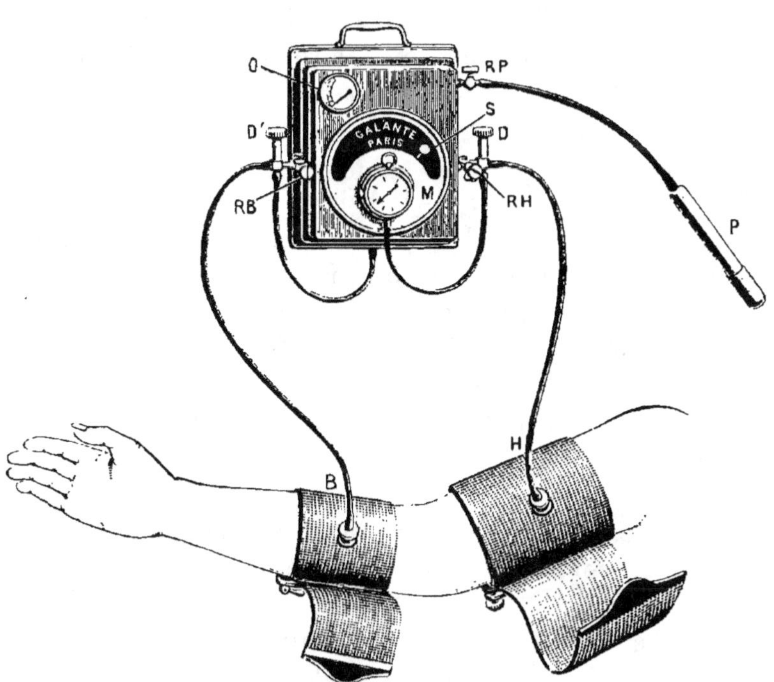

Fig. 3. — Sphygmo-Signal de Vaquez.

sur le bras. « La chambre à air, au lieu de former le brassard
tout entier, lui est surajoutée intérieurement dans une partie
limitée de sa longueur, celle qui, une fois le brassard appli-

qué, sera en rapport immédiat avec l'artère, ne couvrant ainsi que la face interne du bras. » Cette chambre à air est en communication avec un manomètre de Potain (M).

2° *Un signal à transmission d'air*, destiné à enregistrer automatiquement les battements de la radiale, essentiellement composé d'une ampoule en caoutchouc très mince, pouvant se fixer par un bracelet (H) sur la radiale. Sous une pression convenable les battements de la radiale sont fidèlement transmis à un petit disque rouge (S) oscillant dans un cadran placé sur celui du manomètre, et s'arrêtant si la pression exercée sur le brassard vient à étouffer les pulsations.

3° *Un réservoir d'air* (A) disposé au-dessous des deux cadrans du signal et du manomètre, en communication avec l'ampoule du signal et du brassard et emmagasinant l'air que lui envoie une pompe foulante (P).

4° *Une série de robinets* (RS) (RB) affectés spécialement à la compression.

5° Des boutons molletés (D, D'), permettent la décompression.

Technique. — 1° Refouler une certaine quantité d'air dans le réservoir (A) à l'aide de la pompe (P) et fermer le robinet (P).

2° Ouvrir avec précaution le robinet (RS) qui est en rapport avec le sphygmosignal, et comprimer le poignet de telle sorte que l'indice rouge (S) soit animé de battements dus au passage du sang dans la radiale.

3° Ouvrir le robinet (RB) et comprimer le bras jusqu'au moment où les battements de l'index rouge (S) ne sont plus perceptibles.

Le chiffre indiqué à ce moment par l'aiguille du manomètre (M) représente la valeur de la tension artérielle.

Cet appareil mesure la tension artérielle maxima, et donne chez un sujet normal des chiffres variant entre 11 et 12 degrés.

SPHYGMOMANOMÈTRE DU Dr E. GROS

Description de l'appareil. — 1º Un manchon (B) de 10 centimètres de largeur, constitué par une bande inextensible

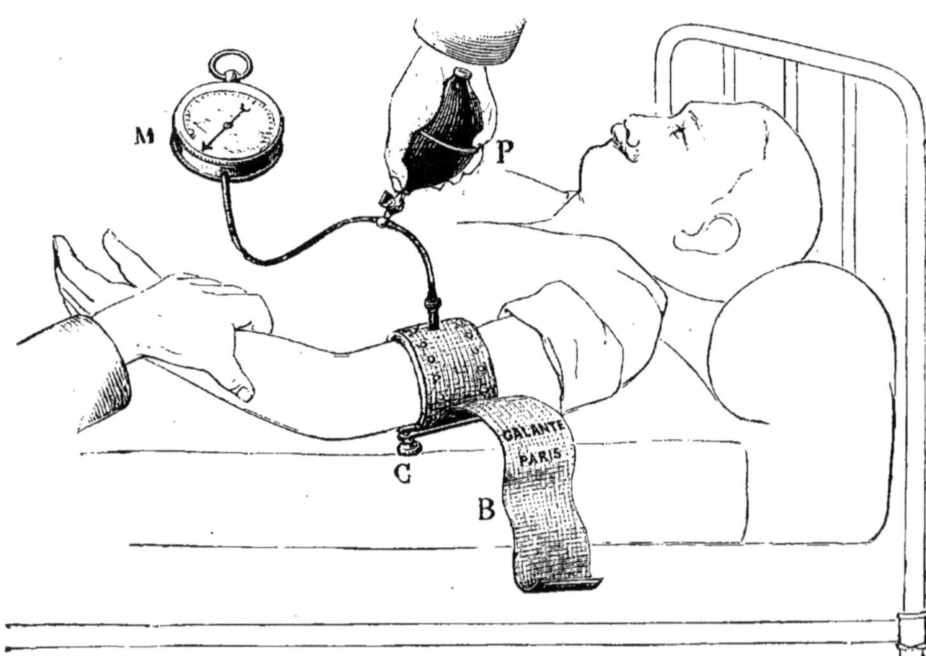

Fig. 4. — Sphygmomanomètre du Dr E. Gros.

se fixant rapidement à l'aide d'un clamp à vis (C) et une
pelote de caoutchouc que l'on applique à la face interne
du bras.

2º Un manomètre (M) métallique, gradué en millimètres.

3º Un appareil compresseur constitué par une poire à valve.

Technique. — Serrer le brassard autour du bras, la pelote pneumatique placée en regard de l'artère humérale qu'elle est chargée de comprimer.

Exercer sur la poire avec la main droite une pression lente et continue. La pelote se gonfle d'air ; l'artère humérale est comprimée. La main gauche sur le pouls apprécie le moment exact où celui-ci disparaît.

Cet appareil mesure la tension artérielle maxima.

APPAREIL DE COOKS

Description. — 1° Une soufflerie Richardson, reliée à un manomètre à mercure par :

2° Un tube de verre en T dont l'autre branche est en communication avec un brassard de 4 centimètres de largeur.

3° Une pince appliquée sur un tube de caoutchouc branché sur le conduit principal, sert de valve d'échappement pour l'air.

Même technique que pour l'appareil Riva-Rocci dont il n'est qu'une imitation.

Cet appareil donne la mesure de la pression artérielle maxima.

HEMODYNAMOMÈTRE OLLIVER

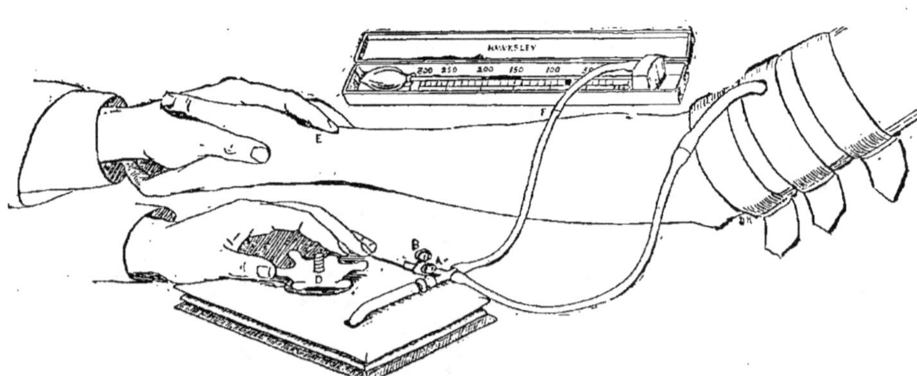

Fig. 5. — Hemodynamomètre Olliver.

Description. — 1° Un appareil compresseur constitué par un réservoir d'air surmonté d'une vis de compression.

2º Un large brassard avec coussin intérieur en caoutchouc.

3º Un manomètre formé par une colonne de verre graduée par comparaison avec une colonne de mercure, et remplie d'alcool coloré.

Technique. — La même que pour l'appareil Riva-Rocci, Gros, Martin, etc.

Cet appareil sert à rechercher la tension maxima.

SPHYGMOMANOMÈTRE DE STANTON

Description. — Cet appareil se compose de :

1º Un manchon de toile forte renforcée et doublé intérieurement d'un coussin de caoutchouc fermé à ses deux extrémités.

2º Un manomètre à mercure, avec un réservoir dont le diamètre est 100 fois supérieur à celui de la colonne graduée. Un tube en T surmonte le réservoir et le met en rapport, d'un côté avec le brassard, de l'autre avec une soufflerie.

3º Une valve surmontant le réservoir.

Pour porter l'appareil, le mercure peut être amené dans le réservoir et y être maintenu.

Technique. — On recherche la tension comme avec l'appareil Riva-Rocci.

Cet appareil mesure la tension artérielle maxima.

APPAREIL DE MARTIN

Description. — Un large brassard de cuir.

2º Une poire munie d'une valve pour permettre l'échappement de l'air hors de l'appareil.

3º Un manomètre à mercure. L'extrémité de la colonne

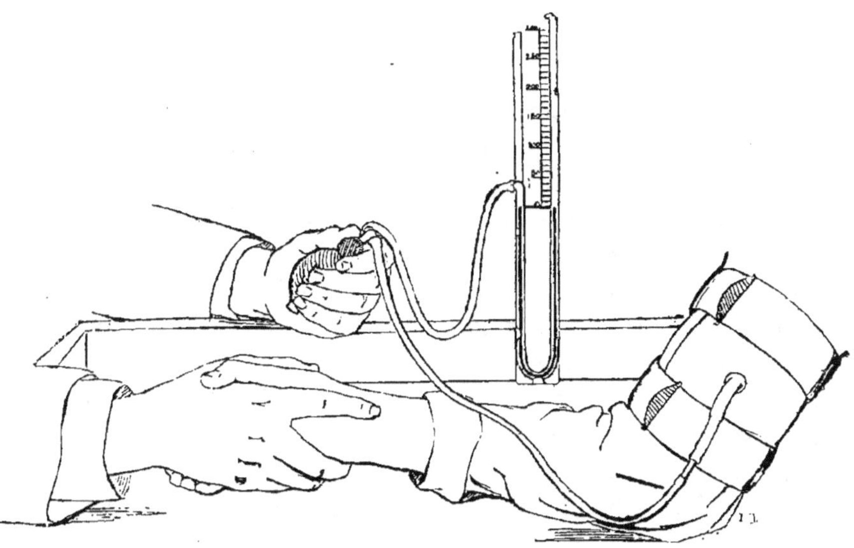

Fig. 6. — Appareil de Martin.

de verre est fermée par un bouchon de caoutchouc au moment où l'appareil n'est pas en usage, ce qui permet son transport dans une boîte.

Technique. — Identique à celle du Riva-Rocci dont il est une modification.

Cet appareil indique la pression artérielle maxima.

APPAREILS MESURANT
LA TENSION ARTÉRIELLE MINIMA

APPAREIL DE MAREY

Description de l'appareil. — Marey construisit d'abord un appareil de laboratoire dont la description n'entre pas dans le cadre de cette étude. Puis un second appareil destiné à mesurer la pression minima, à l'aide des oscillations maxima d'une colonne de mercure.

Cet appareil est constitué par un doigtier en relation avec un appareil compresseur et un manomètre à mercure.

A l'aide d'une vis agissant sur une pelote de caoutchouc on comprime de l'air dans le doigtier. On voit bientôt osciller la colonne de mercure. Au moment où les oscillations présentent leur maximum d'amplitude on lit le chiffre indiqué par le manomètre. C'est celui de la tension minima.

APPAREIL DE MOSSO

Description. — Un manomètre enregistreur est en rapport par un tube avec un ensemble composé de :

1° Un réservoir à eau.

2º Une valve permettant l'échappement de l'air en dehors.

3º Une pompe actionnée par une vis surmontée d'un volant.

4º Quatre doigtiers métalliques contenant des doigts en caoutchouc, dans lesquels sont introduits deux doigts de chaque main (index et médius).

Technique. — Introduire les doigts dans les doigtiers.

Remplir l'appareil d'eau et augmenter progressivement la pression intérieure. Bientôt le manomètre oscille.

On augmente la compression jusqu'à ce que les oscillations maxima de la colonne mercurielle soient obtenues. On lit le chiffre indiqué par le manomètre. C'est celui de la tension minima.

SPHYGMOMÈTRE DE HILL-BARNARD

Description de l'appareil. — Cet appareil se compose de :

1º Un brassard en cuir, doublé intérieurement d'un manchon de caoutchouc de 4 centimètres de hauteur.

2º Un appareil compresseur, constitué par une pompe.

3º Une valve à échappement latéral actionnée par une

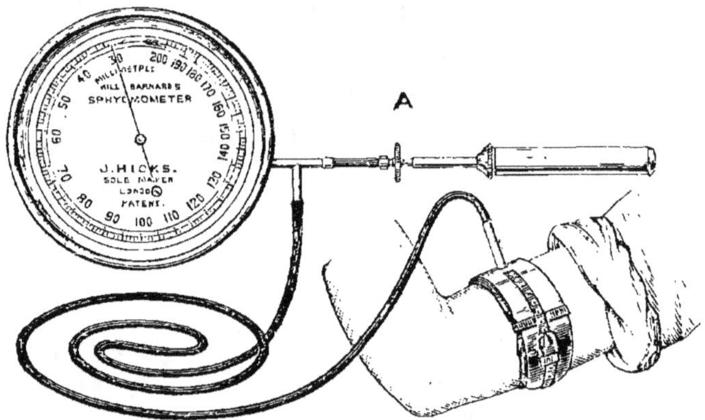

Fig. 7. — Sphygmomètre de Hill-Barnard.

vis molletée qui, desserrée, permet l'échappement de l'air et sert à la décompression.

4º Un manomètre métallique de 12 centimètres de diamètre, gradué en millimètres de mercure, de 50 millimètres à 240 millimètres.

Technique. — Appliquer le brassard en cuir autour du bras.

Comprimer l'air, la valve ayant été soigneusement fermée.

L'aiguille du manomètre se déplace de gauche à droite, et présente bientôt une série d'oscillations.

Ces oscillations d'abord légères vont en augmentant d'amplitude, atteignent un maximum, pour aller en décroissant au-delà.

Le chiffre lu sur le cadran au point où l'aiguille présente ses oscillations de la plus grande amplitude indique la pression artérielle.

Cet appareil donne la mesure de la pression artérielle minima.

PETIT SPHYGMOMÈTRE DE HILL ET BARNARD

Description. — Un tube vertical, en verre, contenant de la glycérine colorée par de l'acide chromique, est en rapport avec une petite coupe recouverte d'une membrane de caoutchouc mince.

Technique. — Appliquer la membrane de caoutchouc sur l'artère radiale. Observer le point où se produisent les oscillations maxima de la colonne colorée. Le chiffre lu à ce moment sur le tube, qui est gradué par comparaison avec un manomètre à mercure, est celui de la tension artérielle minima.

APPAREILS MESURANT LES TENSIONS ARTÉRIELLES MAXIMA ET MIMIMA

PULSOCARDIOSCOPE A. LAGRANGE

Description. — Un bracelet de 8 centimètres de hauteur est relié à un manomètre métallique et à un appareil com-

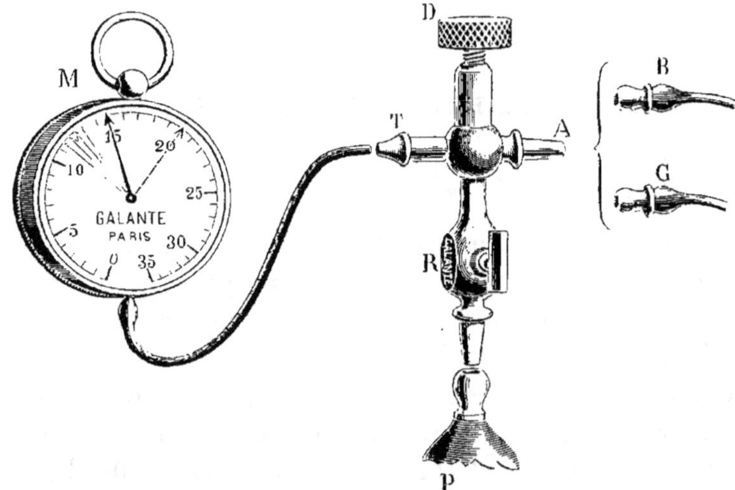

Fig. 8. — Pulsocardioscope A. Lagrange.

presseur (poire en caoutchouc), muni d'un robinet. Une valve d'échappement permet d'abaisser graduellement et lentement, mais par à coups, la pression dans le brassard.

Technique. — Entourer le poignet du brassard que l'on gonfle jusqu'à un chiffre que l'on suppose supérieur à la pression maxima. On ferme alors le robinet ; on ouvre la valve d'échappement ; l'aiguille descend très lentement ; elle oscille d'abord assez vivement, puis les oscillations diminuent assez brusquement pour devenir à peu près nulles. C'est à ce point qu'on lit sur le manomètre le degré de la tension maxima.

Continuant à regarder l'aiguille qui descend toujours avec lenteur, on voit les battements prendre une amplitude de plus en plus grande puis diminuer. On notera le chiffre auquel correspondent les oscillations maxima : c'est celui de la pression minima.

APPAREIL D'ERLANGER

Description. — Un sphygmoscope est en rapport d'une part avec un stylet inscripteur, d'autre part avec un appareil compresseur, un brassard et un manomètre. Un robinet permet d'établir ou de supprimer à volonté la communication de ces diverses parties entre elles.

Un cylindre enregistreur recouvert de papier fumé est en contact avec le stylet inscripteur.

Technique. — A l'aide de l'appareil compresseur, on élève la pression dans le brassard jusqu'à un point élevé, supérieur au chiffre supposé de la pression maxima. Puis on laisse échapper une certaine quantité d'air à l'aide de la valve ; à un certain moment, le stylet inscripteur oscille ; le chiffre lu au manomètre indique le chiffre de la tension maxima. Les oscillations sont de plus en plus accentuées à mesure que la tension se rapproche de la tension minima. Au moment de leur plus grande amplitude, le chiffre lu au manomètre est celui de la tension minima.

Cet appareil permet ainsi d'inscrire les oscillations de la paroi artérielle, et d'apprécier la mesure des tensions artérielles maxima et minima.

SPHYGMOMANOMÉTROGRAPHE A. LAGRANGE

Description. — L'appareil se compose essentiellement de
deux parties bien distinctes : 1° l'appareil manométrique
comprenant un brassard ; un manomètre et un robinet de

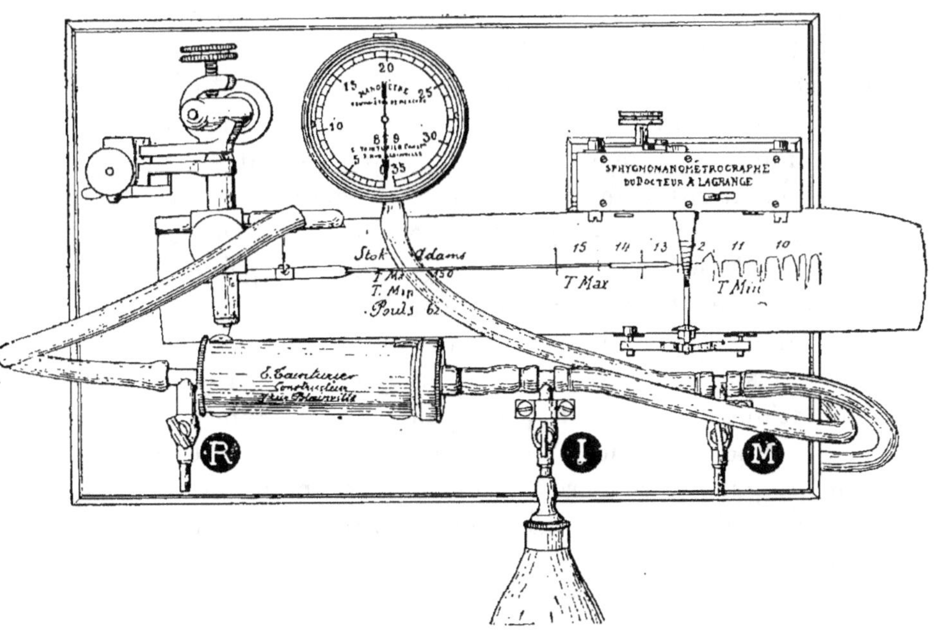

Fig. 9. — Sphygmomanométrographe A. Lagrange.

gonflement. 2° l'appareil enregistreur comprenant un tambour de Marey ; un mouvement d'horlogerie destiné à faire
passer une bande de papier noirci sous le style de l'inscripteur ; un sphygmoscope, un brassard et un robinet de gon-

flement. Les deux brassards sont cousus ensemble pour faciliter leur mise en place.

Technique. — Placer le papier préalablement noirci sur les rouleaux du mouvement d'horlogerie. Régler le tambour inscripteur de façon que le style effleure le papier. Remonter à fond le mouvement d'horlogerie. Placer le double brassard sur l'avant-bras du sujet ; puis réunir le brassard inférieur avec le robinet marqué de la lettre I (inscripteur), et le brassard supérieur avec le robinet marqué M (manomètre). Enfoncer l'ajutage de la poire de gonflement sur le robinet I et gonfler doucement jusqu'à ce que les battements du style soient suffisamment amples. Fermer alors le robinet et retirer la poire. La placer sur le robinet M. Descendre à l'aide de l'excentrique le style déjà réglé sur le papier noirci. S'assurer que le style marque bien. Gonfler alors le brassard du manomètre centimètre par centimètre, en commençant à 8 centimètres pour finir au moment où s'arrêtent les oscillations inscrites. Cet arrêt nous donne la tension maxima. Quant à la tension minima, elle est indiquée sur les courbes par la première diminution des oscillations suivant la série initiale d'oscillations de grandeur sensiblement égales.

LE TONOMÈTRE DE GÄRTNER

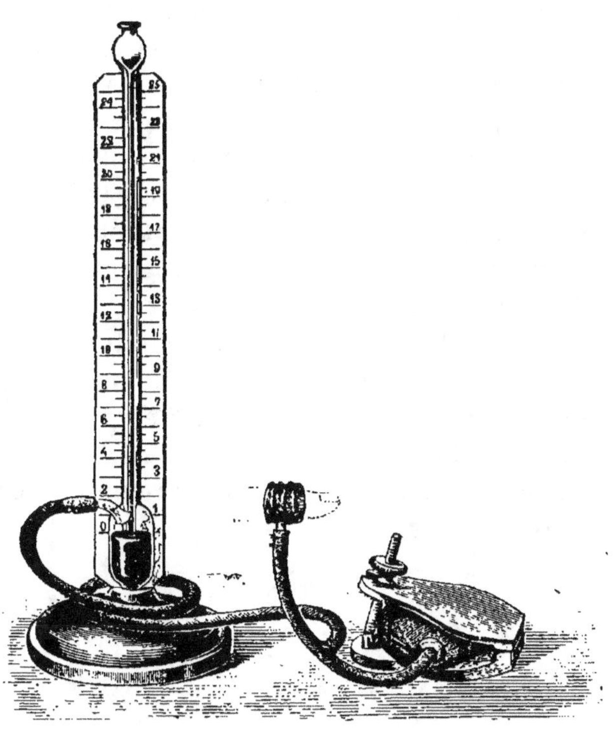

Fig. 10. — Tonomètre de Gärtner.

Description. — Un anneau de caoutchouc inextensible extérieurement dont on entoure la deuxième phalange d'un doigt, est en rapport avec un manomètre à mercure et avec une poire placée entre les deux mors d'une pince en bois dont l'ouverture est réglée par une vis.

Technique. — Introduire la deuxième phalange de l'index dans l'anneau de caoutchouc. A l'aide d'un dispositif composé d'une sorte de grand dé à coudre sur l'ouverture duquel est tendue une membrane élastique, anémier l'extrémité du doigt. Pour ce faire, introduire la troisième phalange dans le dé. Exercer ensuite à l'aide de la pince en bois une compression énergique sur la poire. Sous l'influence de cette compression, le doigtier de caoutchouc se gonfle et enserre étroitement le doigt ; l'extrémité du doigt est retirée du dé, le retour du sang dans la troisième phalange est alors entravé par la striction de l'anneau compresseur.

On décomprime alors lentement, et le chiffre indiqué par la colonne de mercure au moment du retour du sang est celui de la pression artériolaire digitale. Ce retour du sang se manifeste par la teinte rouge qui remplace à l'extrémité du doigt la pâleur qu'avait antérieurement provoqué l'ischémie de la dernière phalange.

APPAREIL MESURANT LES TENSIONS ARTÉRIELLES MAXIMA ET MINIMA ET LA TENSION ARTÉRIOLAIRE

SPHYGMOMÉTROSCOPE L.-A. AMBLARD
(de Vittel)

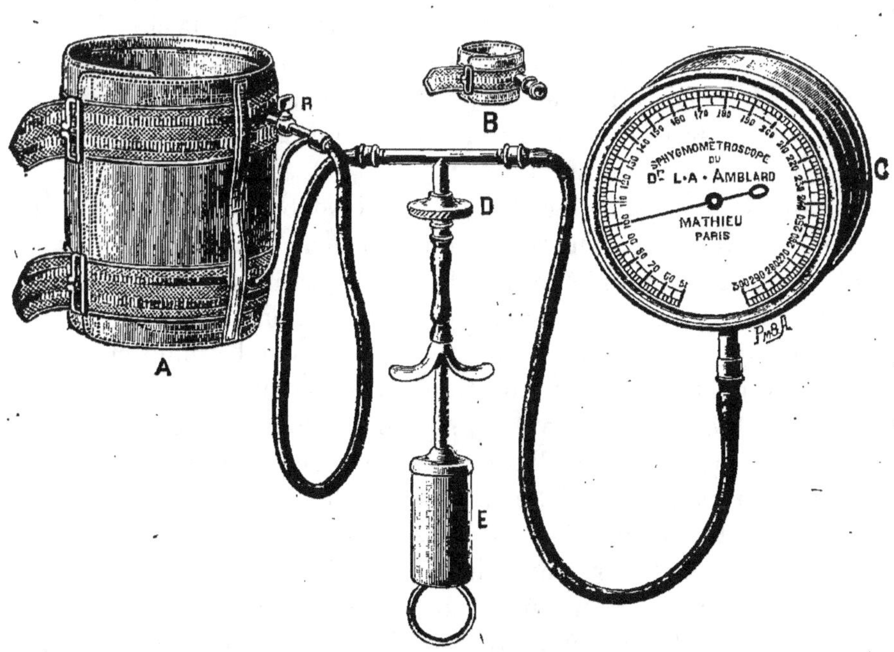

Fig. 11. — Sphygmométroscope L.-A. Amblard (de Vittel).

1º Cet appareil permet de mesurer la tension artérielle
maxima, la tension artérielle minima, la tension artério-

laire ; d'apprécier la fréquence du pouls et les troubles de son rythme.

2º **Principe de l'appareil.** — Marey a démontré que si l'on entoure un membre d'un manchon inextensible en rapport avec un manomètre, et que l'on exerce à l'intérieur de ce manchon une contre-pression progressive, on voit la colonne de mercure présenter des oscillations traduisant les pulsations de la paroi artérielle. Les oscillations maxima de la colonne de mercure se manifestent au moment où la contre-pression exercée égale la pression minima à laquelle est soumis le sang dans l'artère. Les oscillations de la colonne cessent lorsque la contre-pression égale exactement la tension artérielle maxima.

Dans le « *sphygmométroscope* », qui est basé sur ce principe, le manomètre à mercure, toujours peu portatif, est remplacé par un manomètre métallique de grandes dimensions et très sensible, où les oscillations d'une aiguille, analogues à celles de la colonne de mercure, traduisent les modifications apportées à la circulation dans l'artère du membre sous l'influence d'une contre-pression exercée dans un brassard huméral. Aux oscillations maxima de l'aiguille correspond la tension artérielle minima ; à la limite supérieure des oscillations correspond la tension maxima.

La hauteur du brassard circulaire (17 centimètres), permet d'obtenir des mesures aussi précises que possible ; grâce à elle, la compression est régulière et bien utilisée. Aussi, les chiffres obtenus sont-ils sensiblement inférieurs à ceux fournis par des instruments ne présentant pas ces avantages.

La division du brassard en deux coussins supprime radicalement l'inconvénient qu'offre, pour la lecture de la tension maxima, le choc du sang sur le bord supérieur du brassard, ce choc se traduisant par des oscillations légères et trompeuses de l'aiguille du manomètre. Le robinet (R) qui commande la communication du coussin supérieur avec le reste de l'appareil, permet en effet de supprimer les oscillations de l'aiguille qui ne relèvent que de cette cause, et non du passage du sang sous le brassard.

3° **Description du sphygmométroscope.** — Cet appareil est composé de :

1° Un tube métallique en T, portant une valve à molette (D) sur sa longue branche ;

2° Un brassard inextensible (A) en cuir, garni intérieurement de deux coussins circulaires de caoutchouc recouverts d'un tissu protecteur, et destiné à entourer l'avant-bras, ou de préférence le bras. Ce brassard, haut de 17 centimètres, long de 45 centimètres, est ajustable exactement à tous les bras, quelle que soit leur circonférence. Un tube de caoutchouc très résistant relie ce brassard à une des extrémités de la branche horizontale du tube en T. Une tubulure métallique met en communication ces deux coussins l'un avec l'autre, et avec le reste de l'appareil ; cette tubulure, qui porte le robinet (R) qui permet d'isoler complètement le coussin supérieur ;

3° Un manomètre métallique de 10 centimètres de diamètre, en cuivre nickelé gradué en millimètres de mercure. La graduation va de 50 millimètres à 300 millimètres et permet de mesurer les tensions les plus élevées. Un tube de caoutchouc relie ce manomètre à l'autre extrémité de la branche horizontale du tube en T ;

4°. Une soufflerie, constituée par une pompe (C) avec étrier et ailettes, de 8 centimètres de hauteur, ne nécessitant l'emploi que d'une seule main. Cette pompe est reliée à l'extrémité de la longue branche du tube en T.

5° Un anneau digital, en cuir inextensible, doublé intérieurement d'un manchon circulaire en caoutchouc. Pour mesurer la tension artériolaire, on substitue cet anneau au grand brassard. Réglable, il peut être ajusté exactement à tous les doigts, quelle que soit leur circonférence.

L'étanchéité de l'appareil, *qui doit être absolue*, est assurée par des ajutages munis de pas de vis.

4° Technique. — Recherche de la tension artérielle maxima. — Monter l'appareil comme le représente la figure ci-jointe. Appliquer très exactement le brassard autour du bras (une chemise ou un léger vêtement n'est pas un obstacle à cette application). S'assurer de la fermeture complète de la valve ; puis, en quelques coups de pompe, gonfler également les deux coussins de caoutchouc du brassard, en ayant soin de laisser ouvert le robinet (R) de communication. L'aiguille du manomètre se déplace dans le sens des aiguilles d'une montre, dès que la pression exercée dépasse 50 millimètres de mercure, et présente bientôt des oscillations rythmiques. Par une compression progressive, amener l'aiguille en un point tel (variable selon les cas), que toute oscillation de l'aiguille ait cessé, 200 millimètres par exemple ; puis, ouvrant légèrement la valve en tournant de droite à gauche la molette qui la commande, laisser l'aiguille redescendre très lentement. Bientôt, quelques légères oscillations apparaissent. On arrête aussitôt la décompression en fermant la valve, et on recherche si ces oscillations sont dues au passage du sang

sous le coussin inférieur du brassard. Pour cela, on ferme
le robinet (R), ce qui isole le coussin supérieur du brassard
du reste de l'appareil.

Ou bien, alors, les oscillations de l'aiguille persistent, et
en ce cas, le chiffre lu sur le cadran est celui de la tension
maxima ; ou bien elles cessent : le sang ne passe pas encore
sous le coussin inférieur, et les petites oscillations perçues
doivent être négligées, n'étant dues qu'au choc du sang sur le
bord du coussin supérieur. Dans ce cas, on rétablit la communication entre les deux coussins en ouvrant le robinet(R)
on diminue légèrement la contre-pression en entr'ouvrant
la valve D, et on cherche, par tâtonnement, le point le plus
élevé où la fermeture du robinet R n'entraîne plus l'arrêt
des oscillations de l'aiguille. Le chiffre lu à ce moment sur
le cadran du manomètre indique la valeur de la tension artérielle maxima.

Nota. — On peut aussi apprécier la tension maxima en
suivant une autre technique : on comprime assez fortement
le bras pour arrêter le cours du sang. puis le doigt placé
sur l'artère radiale note le moment où, au cours d'une décompression lente, le pouls radial reparaît. Le chiffre lu au
moment où réapparaît le pouls indique le degré de tension.
On obtient ainsi des chiffres inférieurs de un demi-degré
à un degré et demi : mais la technique que nous avons décrit
plus haut, qui emploie le contrôle de la vue, est incompara-
blement plus exacte, plus pratique et préférable.

Recherche de la tension artérielle minima. — Après avoir
noté la tension maxima, on ouvre le robinet (R) et, à l'aide
de la valve D, on diminue lentement la contre-pression. Les

oscillations de l'aiguille vont en augmentant d'amplitude et atteignent un maximum. Au-delà de ce point, elles décroissent ensuite peu à peu. C'est à ce point où l'aiguille présente ses oscillations de la plus grande amplitude que correspond la tension minima du sang dans l'artère.

Dans le cas où le point exact des oscillations les plus amples serait difficile à préciser, noter les deux degrés entre lesquels l'hésitation est possible, 90 et 80, par exemple. La moyenne entre ces deux chiffres, 85, représente la valeur de la tension minima.

Cette connaissance des tensions artérielles maxima et minima permet de se rendre un compte exact de la circulation du sang dans l'artère.

Recherche de la tension artériolaire. — Substituer le manchon digital (B) au brassard (A), entourer l'index du sujet de ce manchon qu'on ajuste exactement autour de la deuxième phalange.

Ischémier l'extrémité du doigt en l'entourant d'une bandelette élastique que l'on enroule en exerçant une légère traction. Gonfler alors le manchon avec la pompe (un seul coup suffit) et amener l'aiguille du manomètre à un point élevé, 250 millimètres par exemple.

Dérouler la bandelette élastique. La compression exercée sur le doigt par le manchon fait obstacle au retour du sang et la pâleur de la dernière phalange indique la persistance de l'ischémie. Ouvrir alors la valve et laisser redescendre lentement l'aiguille. En un certain point, 120 millimètres par exemple, une coloration rouge, due au retour du sang, se substitue assez brusquement à la pâleur du doigt. Le chiffre lu sur le cadran au point où a lieu le retour du sang indique la valeur de la tension artériolaire.

Chez un sujet normal, la tension artérielle maxima égale 110 à 120 millimètres.

La tension artérielle minima égale 75 à 80 millimètres.

La tension artériolaire égale 100 à 120 millimètres.

COMPARAISON ENTRE LES RÉSULTATS FOURNIS PAR LES DIVERS APPAREILS

TENSION NORMALE
HYPOTENSION — HYPERTENSION

Ainsi, des divers sphygmomètres en usage, les uns indiquent la tension artérielle maxima, d'autres la tension artérielle minima ; d'autres enfin, la tension artériolaire. Les chiffres différents qu'ils fournissent pour les diverses variétés de tension ne peuvent être homologués ; pas plus que ceux mêmes fournis pour une seule de ces variétés, par suite de la défectuosité de leurs modes d'application. Quelle correspondance peut-on établir entre les résultats.

Tension maxima normale. — Avec les appareils à pelote ou à patin (Bach, Potain, Bloch), on doit considérer comme normaux, chez l'homme, les chiffres de 16 à 18 centimètres de mercure. Chez la femme, 15 à 17 centimètres.

Avec les appareils à brassards étroits (de 5 centimètres environ), sphygmomètres Riva-Rocci et analogues, la tension normale maxima est représentée par 13 à 14 centimètres de mercure.

Avec les appareils à larges brassards, de 12 centimètres au moins, ces chiffres sont encore plus bas. Reklinghausen, L. Williams, Strasbürger, Gibson, Erlanger et Hoocker, Janowski, Huchard et Bergouignan admettent comme normales les pressions maxima de 100 à 125 millimètres de mercure, chez l'homme jeune. Ces chiffres sont ceux que fournit notre sphygmométroscope.

Tension minima normale. — Ici encore les appareils fournissent des chiffres un peu différents suivant la largeur du manchon compresseur. Avec un appareil à brassard de 5 centimètres, la pression minima est de 100 à 120 millimètres de Hg. Avec un appareil à manchon large de 12 centimètres au moins, le chiffre normal est 75 à 80 millimètres.

L'amplitude du pouls, ou écart entre la tension maxima et la tension minima serait ainsi de 25 à 30 millimètres de Hg.

Tension artériolaire normale. — Nous avons indiqué déjà que la tension artériolaire mesurée avec l'anneau de Gaërtner égale sensiblement, dans les cas de tension normale, la tension artérielle maxima, lui étant un peu inférieure (tension infra-maxima). Elle est donc, dans ce cas, de 100 à 110 millimètres de Hg. Mais la lumière de ces artérioles, par suite de la structure différente de la paroi avec prédominance de l'élément contractile sur l'élément élastique, présente des variations rapides sous des influences légères (température, notamment).

De ces divers chiffres de tension maxima, quel est celui que l'on doit accepter comme exact; le plus élevé ou le plus bas ? A notre avis, il ne peut y avoir de doute; le Potain donnant 18 centimètres et les appareils à brassards larges, 10 centimètres, les 8 centimètres représentent la valeur de la contrepression exercée en pure perte pour écraser plus ou moins heureusement l'artère glissant sur les plans sous-jacents, C'est une erreur en trop, puisque dans un cas, une contrepression de 10 centimètres de Hg suffit pour amener un résultat, l'arrêt de la circulation, qui nécessite, dans un autre cas, une contre-pression de 18 centimètres de Hg, c'est forcément le premier chiffre qui doit être accepté pour valable, l'erreur ne pouvant être qu'en plus. Si avec un brassard de 20 centimètres l'arrêt s'obtenait avec une contrepression plus faible encore, 8 centimètres de Hg, par exemple, c'est évidemment ce chiffre que l'on devrait considérer comme exact. Mais Recklinghausen, Janeway et nous-mêmes, avons montré qu'au-delà de 12 à 15 centimètres, la hauteur du brassard reste sans influence sur l'évaluation de la tension.

L'expérience vient du reste confirmer nos dires : ayant entouré d'un long manchon, la cuisse d'un chien, et introduit dans l'artère fémorale du côté opposé une canule reliée à un manomètre à mercure, Lockardt Mummery vérifia que les chiffres obtenus par les deux manomètres en rapport avec l'un et l'autre dispositif étaient identiques.

Enfin, chaque fois que, sur l'homme, on a recherché directement la valeur de la tension artérielle, par introduction de canule dans une artère sectionnée (Albert, Faivre), on a trouvé des chiffres identiques à ceux que nous fournissent les appareils à larges brassards.

Ce sont donc ces derniers chiffres que nous croyons se rapprocher le plus de la réalité. Mais, ce que l'on ne peut surtout pas faire, et c'est ce qui a entravé pendant longtemps toutes les recherches sur la tension vasculaire, c'est comparer des résultats obtenus à l'aide d'appareils différents. On s'étonne de constater les résultats diamétralement opposés auxquels sont arrivés des auteurs faisant porter leurs recherches sur des sujets analogues. C'est qu'une même cause, la digestion, par exemple, peut parfaitement agir de façon opposée sur les diverses tensions, élevant l'une, abaissant l'autre de quantité égale. Et la mesure clinique de la tension artérielle ne pourra donner de résultats appréciables et concordants que lorsque l'étude complète de la tension, aussi bien tension maxima que tension minima, sera systématiquement poursuivie.

La notation de ces deux variétés de tensions obtenues avec des appareils différents ne peut également donner aucun bon résultat. Comparer une tension mesurée au sphygmomanomètre Potain, à pelote, avec la même tension mesurée avec l'appareil de Riva-Rocci à brassard est également vaine. Dans les deux cas, il s'agit en effet de la même variété de tension, la maxima ; or celle-ci ne peut être, à la fois, chez un sujet normal de 12 centimètres (Riva-Rocci)et de 18 (Potain). Il faut admettre que l'une est exacte, et l'autre pas, simplement et sans essayer aucune comparaison.

De même l'étude comparée des tensions artériolaire et artérielle à l'aide de la pelote de Potain et du doigtier de Gaërtner, bien qu'ouvrant une voie intéressante, ne peuvent aboutir à rien de concluant. La tension artériolaire et la tension artérielle maxima ne peuvent être comparées que mesurées l'une et l'autre avec un anneau digital, pour l'une ; brachial ou antibrachial, pour l'autre, comme l'étude de l'amplitude du pouls, de l'écart entre les pressions artérielles maxima et minima, ne peut être faite qu'à l'aide d'un seul et même appareil, capable de noter l'une et l'autre de ces tensions.

BIBLIOGRAPHIE

- - -

Aberle. — *In die Messung des arteriendruck am lebenden Menschen.* Tubingen, 1856.

Abrams. — *A clinical method of determining the vasomotor factor in Blood pressure.* — American Med. vol. VII, mai 1904.

Alezaïs et François. — *La tension artérielle dans la fièvre typhoïde.* Rev. méd. 1899.

Ambard et Beaujard. — *Causes de l'hypertension artérielle.* Arch. Méd.., 1904.

Ambard. — *Origine rénale de l'hypertension artérielle.* Presse Méd., 1906.

Amblard (L.-A.). — *Variations quotidiennes des tensions artérielles et artério-capillaire chez les artério-scléreux hypertendus en cours de traitement.* Thèse, Paris, 1907.

— *Variations de la pression artérielle et artério-capillaire.* Congrès de Rome, 1907.

— *La pression artérielle chez les artério-scléreux.* Revista di Therapia fisica, 1907.

— *Les variations de la pression vasculaire chez les artério-scléreux.* Journ. de Physiothérapie, 1907.

— *Mesure de la pression artérielle.* Bull. Soc. Thérap., 1908.

— *Mesure de la pression artérielle.* Bull. de Thérapeutique, 1908.

— *Le « Sphygmométroscope ».* Journ. des Pratic., 1908.

— *Variations de la tension artérielle.* Gazette des Hôp., 1907.

— *Mesure de la tension artérielle.* Tribune médicale, 1907.

— *Le travail du cœur en clinique.* Gaz. des Hôp., 1908.

Appareil pour mesurer les tensions artérielles et artériolaire. —Société de Biologie, 1908.

— *Mesure clinique de la tension artérielle.* Journ. de Physiothérapie, 1909.

— *Lésion de l'orifice aortique par hypertension artérielle.* Journ. des prat., 1909.

AMBLARD et HUCHARD. — *Crises d'hypertension artérielle au cours de la fièvre typhoïde. Leur valeur pronostique.* Rev. Méd. 1907.

ANTONACOPOULO. — *Indications thérapeutiques tirées de l'état de la tension art.* Revue médico-pharm., Constantinople, 1905.

ARENDT. — In Annales de la Soc. de Méd. de Gand, 1890, p. 11-21.

D'ARSONVAL. — *Traité de physique biologique,* T. 1.

AZOULAY. — *Thèse,* Paris 1892.

BARIÉ. — *Des maladies du cœur et de l'aorte.*

BASCH (Von). — *Ueber die Volumetrische Bestimmung des Blutdrucks im Menschen.* Med. Jahr, Wien, 1876.

— *Zeitschrift für die Klinische,* Med. 1880.

— *Der Sphygmomanometer.* Berliner, Wosch. 1887.

— In Wiener Med. Blatt., 1894, p. 755.

— In Wiener Med. Press., 1895, p. 135.

— In Wiener Med.Wosch., 1896, p. 617.

— In Wiener Med. Woschen, 1899.

— In Wiener Med. Press., 17 juin 1900.

— In Zeitschrift fur Leyden, 1902, p. 67.

— *Die Hertzkrankheiten bei arteriosclerose.* Berlin 1901.

BERGOUIGNAN. — *Traitement rénal des cardiopathies artérielles.* Th. Paris, 1902.

— *Les cardiopathies artérielles et la cure d'Evian.* Paris 1905.

BINET et COURTIER. — Année Psychol., 1897, p. 92.

BINET ET VASCHIDE. — *Influence des processus psychiques sur la pression chez l'homme,* 1898.

— *Influence du travail intellectuel, des émotions et du travail*

. *psychique sur la pression du sang.* Ann. Psych., 1899.
— In Psych. Review, 1897, p. 54.

BLOCH. — *Sur un nouveau Sphygmomètre.* Soc. Biol. 1888.

BOSC et VEDEL. —*La tension artérielle dans les maladies.* Congr. fr. de Méd., oct. 1904.

BOULOUMIÉ. — *Tension artério-capillaire.* Gaz. des Hôp., 1902.
— *Sphygmotonométrie clinique.* Paris 1905.

BRADBURY. — *Some New Vaso Dilatators.* The Cancet, 16 nov. 1895.

BRAUN. — *Action de l'adénaline sur les vaisseaux.* Soc. Méd. de Vienne, 1905.

BROADBENT. — Assoc. Méd. Brit d'Edimbourg, 27 juill. 1898.
— *Causes et conséquences de la tension artérielle.* Brit. Méd. Jour. 1883.
— Heart disease. Londres 1900.
— *The puls.* Londres 1890.

BROUARDEL. — *Précis d'exploration clinique du cœur et des vaisseaux par les nouvelles méthodes.*

BRUCE. — *Some observations upon the general Blood-pressure in sleeplessness and Sleep,* Scott. Msl. and Surg. Journ. 1900, vol. VII, p. 109.

BRUCK. — Inaug. Dissert. München, 1902.

BRUSH et FAYERWEATHER. — *Observations on the changes in Blood-pressure during Normal sleep.* Am jour. of physiol., 1901, vol. V, p. 199.

CARTER. — *Clinical observations on Blood-pressure.* Am Journ. of the Med. Sci. 1901.

CAUTRU. — *Mode d'action du massage abdominal sur l'hypertension artérielle.* Arch. méd., 1904.

CHRISTELLER. — *Ueber Bluidruck Messungen am Menschen unter pathologischen verhaltnissen.* Zeitch. fur Klin. Médiz. Bd III.

Colombo. — *Recherches sur la pression du sang chez l'homme.* Arch. étal. de Biologie, 1888, p. 506.

Cook. — *The Clinical value of bloodpressure determinations as a guide to stimulation in sick children.* Amer. Jour. of the med., Sci., 1903.

Cook and Briggs. — *Clinical observations on bloodpressure.* John Hopkins, Hosp. Rep. 1903.

Cousot. — *Sur la valeur clinique de la tension arté, icile.* Bull. Acad. Royale de Méd. de Belgique, 29 déc. 1906.

Crile. — *Bloodpressure in surgery.* Philadelphie 1903.

Cushing. — Th. Munich 1898.

Cushney. — *Pharmacol. and therap.* Philad. 1903, pp. 139 et 271.

Danthauny. — *Thèse*, Lyon 1881.

Doleschal. — *Vergleichende Untersuchungen des Gärtner'schen Tonometer mit dem Basch'schen Sphygmomanometer.* Inaug. dissertat, 1900.

Doyon et Morat. — *Traité de Physiologie.* T. III, p. 132.

Edgecomb et Bain. — *The effects of Baths, Massage, and exercise on the Bloodpressure.* Lancet 1899, p. 1552.

Ekkert. — *Appareil de Basch.* Saint-Petersbourg, 1882.

Enriquez et Hallion. — Soc. Biol., 1901-1902.

Erlanger. — *John Hopk. Hosp.* 1904, pp. 53-110.

Erlanger et Hooker. — *The relation between Blood pressure, pulse pressure. and the velocity of Blood, flow in man.* Journ. of Physiol., 1904.

Faivre. — *In Gazette med.*, 1858.

Federn. — *Ueber Blutdruckmessung am Menschen.* Wien-Kien. Wochensch, 1902.

Fellner. — Deutch. Arch. f. Klin. med., 1905-1906.

Fick. — *Ueber den Druck in den Blutcapillaren.* Zeitsch. fur Physiol. T. 42.

Finck. — Revue de Médecin (1908).

Foxwell. — *Tension artér. élevée.* The lancet, Londres.

François-Franck. — *Défense de l'organisme contre les variations anormales de la pression artér.* Ac. Med. 1896.

— Compte rendus Soc. Biol., 1883.

— *Titres et travaux scientifiques,* 1887.

Frederick. — Travaux de labor. de l'Instit. de Physiol. de Liège, 1889.

— *Manipulations de Physiologie,* 1897.

Frédérick et Nouel. — *Eléments de Physiologie.*

Gartner. — *Ueber das Tonometer.* Munich. Med. Wochens, 1900.

— *Ueber ein neuen Blutdruckmesser.* Wiener Med. Woch. 1899.

Gilbert et Garnier. — *Abaiss. de la press. artérielle dans les cirrhoses alcooliques du foie.* Presse Méd., 1899.

Gley. — *Traité de Physiologie.*

Goldwater. — *Notes on Blood-pressure in Man.* Med. News, 1903.

Grasset et Calmette. — *Indications tirées du tonus musculaire et de la tension artérielle dans les maladies chroniq.* Montpellier, Méd. 1902.

Grebner. — *De l'influence du travail musculaire sur la pression du sang.* Sem. Méd., 1899.

Guillain et Vaschide. — *Du choix d'un sphygmomanomètre.* Soc. Biol., 1900.

Gumprecht. — *Experimentelle and Klinische Prüfung des Riva-Rocci'schen sphygmomanometers.* Zeitsch. f. Klin. Med. 1900.

Hallion et Laignel-Lavastine. — *Recherches sur la rapidité de la circulation capillaire de la peau.* Soc. Biol., 1902.

Hayaski. — *Vergleichende Blutdruckmessungen and Cesunden*

und kranken mit den apparaten von Gärtner, Riva-Rocci, und Frey. Inaug. Dissert. Erlangen, 1901.

HENSEN. — *Beitrage zur Physiologie med. Pathol. des Blutdrucks.* Deutch. Arch. f. ur Klin. Med. 1900.

HILL. — *Artérial pressure in Man while sleeping, resting, working.* Physiol. Soc., 15 janvier 1898.

HILL et BARNARD. — *A simple pocket Sphygmo for Estimating artèr. press.* In man Journ. of Physiol., 1898.

HILL, BARNARD et SOLTAU. — *Influence of the force of gravity on the circulation of man.* Physiol. Soc. 11 déc. 1897.

HIRSCH. — *Vergleichende Blutdruckmessungen mit dem Sphymomanomèter von Basch und dem tonometer von Gärtner.* Deutch Arch. fü Klinisch. Med., 1901.

HOMOLLE. — *Détermination de la pression sanguine chez l'homme.* Rev. Méd. 1881.

HUBER. — *Ueber Blutdruckmessungen.* Cor. Blat. f. Schweitz. Aerzte, 1902.

H. HUCHARD. — *Trois leçons résumées sur l'artério-sclérose.* France Médicale, 1885.

— *Les cardiopathies artérielles et leur curabilité.* Congrès de Nancy, 1886.

— *Leçons sur les indications thérapeutiques.* Union Méd. 1886.

— *L'artério-sclérose et ses rapports avec les spasmes vasculaires.*

— *Emploi de la trinitrine.* Congrès de Toulouse, 1887.

— *La tension artérielle dans les maladies. Hypertension et hypotension.* Semaine Méd. 1888.

— *Leçons de clinique et thérapeutique sur les maladies du cœur et les vaisseaux.* Paris 1889.

— *Tabac et tension artérielle.* Bul. Méd. 1888.

— *Caases de l'artério-sclérose et les cardiopathies artérielles.*

— *Leur origine alimentaire et leur traitement préventif.* Congrès de Marseille, 1891.

— *Traitement de l'artério-sclérose et de la cardio-sclérose théra-peutique appliquée.* 1896-1897.

— *Anévrysmes et hypotension artérielle.* Ann. Méd. 1890.

— *Tétranitrate d'Erythrol et médication hypotensive.* Ac. Méd. de Belgique, 1901.

— *Les trois hypertensions.* Jour. des pratic., 1902.

— *Traité clinique des maladies du cœur et de l'aorte.* 3me édit. pages 1 à 126.

— *Les conséquences de l'hypertension artérielle.* Congrès de Lis-bonne, 1906.

— *Traitement de la présclérose.* Ac. de Méd. 1906.

— *Su: la médication hypotensive.* Soc. thérapeutiq. 1906.

— *Note sur la médication hypotensive.* Soc. Méd. de chirurg. de Paris, mars 1907.

— *L'artério-sclérose subaiguë et ses rapports avec les spasmes vasculaire:.* Journ. des pratic. 1887.

— *Les cardiaques aux eaux minérales.* J. des Pratic., 1889.

— *Consultations médicales,* 1901.

— *Nouvelles consultations médicales.*

HUCHARD et BERGOUIGNAN. — *Sphygmomanométrie clinique.* Journ. des Prat. 1908.

HUCHARD et L.-A. AMBLARD. — *Crises d'hypertension arté-rielle au cours de la fièvre typhoïde. Leur valeur pronostique.* Revue de Médecine, 1907.

HURTHLE. — *Ueber eine methode zur Registriung des arteriellen Blutdrucks beim Menschen.* Deutsch. Med. Woch., 1896.

— *Zur Technik der Untersuchung des Blutdruckes.* Arch. de Pflüger.

— *Beitraege zur Hemodynamik.* Arch. de Pflüger 1890.

JACKSON. — *A few remarks on Blood-pressure.* Boston Med. and Surg. Journ., 1903.

JANEWAY. — *The Clinical Study of Blood-pressure*. New-York, 1904.

— *Some observat. on the estimation of Blood-pressure in Man* Univers. Bull. of the Med. Sci., 1901.

JANOWSKI. — *Le diagnostic, fonct. du cœur*. Paris, Masson, 1908.

JAROTZNY. — *Zur methodik der Klin. Blutdruckmessung*. Centralbl. f. in. Med. 1901.

JELLINECK. — *Ueber den Blutdruck des gesunden Menschen*. Zeitsch. rift fur Klin. Mediz. in., 1900.

JOSUÉ. — *Athéromes artériel et artério-sclérose*. Press. Med., 4 mai 1904.

— Bull. de la Soc. Méd. des Hôpitaux, 1908.

— *Traité de l'artério-sclérose*, 1908.

JOURDAIN et FISCHER. — *De l'importance pronostique et thérapeutique de la pression artérielle*. Revue de Médecine, 1902.

KAPSAMMER. — *Blutdruckmessungen mit Gártner'schen Tonometer*. Wiener Klin. Woch, 1899.

KARRENSTEIN. — *Blutdruck med. Korperarbeit*. Zeitsch, fur. Klin. Med. 1903.

KIESOW. — *Expériences avec le sphygmomanomètre de Mosso*. Arch. étal. de Biol., 1895.

KRIES. — *Berichte der Sachs-Gesellschaft*, 1875.

KUHE WIEGANDT. — *Arch. fur experim*. Path. und Pharm., XX, 1896

LAGRANGE. — (A). *Travail du cœur*. Journ. des pratic.

— Congrès de Genève, 1908.

LANCEREAUX. — Académie de Médecine 1908.

LARRABEC. — *The effects of exercise on the Heart and circulation*. Boston med. and Surg. Journ. 1902.

LAULANIÉ. — *Sur un sphygmo. donnant le pouls total de l'extrémité du doigt*. Echo Med. Toulouse, 1901.

Lauzeral. -— *Thèse*, Paris, 1893.

Lépine. — *Mesure de la pression du sang chez l'homme.* Revue mensuelle des Méd. et Chirurg., 1877.

Leroy. — *Thèse*, Paris, 1903.

Ludmilla Schilina. — *Thèse*, Berne, 1899.

Magnus. — *Thèse*, Heidelberg, 1898.

— *Ueber die Messung der Blutdruckes mit dem sphygmo.* Zeitsch f. Blol., 1896.

Marey. — *La circulation du sang à l'état physiologique et dans les maladies*, 1881.

— *Tension artérielle. Mesure manométrique de la pression chez l'homme.* Travaux de laboratoire, vol. IV, 1878.

Marfan. — Revue de Médecine 1907.

Martin. — *Technique de l'appareil de Riva-Rocci et du Tonomètre de Gartner.* Munich. Med. Wochens, 1903.

Masing. — *Ueber der Verhalten de Blutdrucks des jungen und des bejahrten Menschen bei Muskelarbei.* Deutsch. Arch. f. Klin. Med., 1902.

Mengeaud. — *Rapport des tensions radiale et digitale dans l'artério-sclérose et les insuffisances hépatiq.*, Paris, 1901.

Mercandius. — *Action de certains cardiatoniques et de quelques pratiques hydrothérapiques sur la pression artérielle.* — Gaz. di. de Torino, 1900.

Mercier. — *Sphygmomanomètres. Thèse*, Paris, 1900.

Milian. — *La tension artérielle.* Press. Med. 1899.

Moritz. — *Der Blutdruck bei Korperarbeit gesunder und Herz Kranker individuen.* Deut. Arch. f. Klin., Méd., 1903.

Mosso. — *Sphygmomanomètre pour mesurer la pression sanguine chez l'homme.* Arch. étal. de Biol., 1895.

Munck et Senator. — *Pression sanguine et sécrétion urinaire.* Arch. f. Path. Anal. und Physio., 1888.

Natanson. — *Zeitsch fur gesamnte Physiol.* T. XXXIX.

NEISSER. — *Berliner Klin.* Wochen., 1900.

NORRIS. — *A Contribution to the Study of the human Blood-pressure in somes Path. condit.* Americ. Journ. of the med. Scienc., 1903.

OLIVER. — *Te clinical aspect of art. pressure.* Edimbourg. med. Journ., 1898.

OZANAM. — *La circulation et le pouls.*, p. 26.

— *A simple pulse pressure gauge.* Journ. of. Physiol., T. XXII.

PACHON. — *Etude de mécanique cardiaque et vasculaire.* Journ. de Physiol., et de Patholog. génér., 1899.

— Comptes rendus de la Sociélé de Biologie, 1909.

PAL. — *Centr. fur. imm.* Med. 1903.

— Tribune Med., 8 août 1903.

PHILADELPHIEN. — *Le sphygmométrographe.* C. R. Soc. Biol., 1896 et 1898.

POTAIN. — *Du sphygmomanomètre et de la mesure de la pression artérielle chez l'homme à l'état normal et à l'état pathoiogique.* Arch. de Physio., 1889.

— *Détermination expérimentale de la valeur du sphygmomanomètre.* Arch. de Physio, 1890.

— *Faits nouveaux relafifs à la détermination expérimentale de la valeur du sphygmomanomètre.* Arch. Physiol., 1890.

— *La pression artérielle de l'homme à l'état normal et pathologique,* 1901.

REYNAUD. et OLMER. — *La pression artérielle et ses variations à l'état de santé et dans les maladies.* Gaz. des Hôp., 1900.

RECKLINGHAUSEN. — *Ueber Blutdruckmessung beim Menschen.* Arch. f. exber. Path., 1901-1902.

REYNAUD. — *Thèse,* Paris 1901.

RIVA-ROCCI. — *Un nuovo sphygmomanometrio.* Gaz. Med. di Torino, 1896.

— *La technica del sphygmomanometrio.* Gaz. Med. di Torino, 1897.

— *De la valeur de la pression artérielle en clinique.*, Press. Med., 1899.

Rossbach. — *Hypertension et neph. interstitielle.* Berlin, Klini. Woch, 1855.

Rosse. — *Beitrag zur Blutdruckmessung bei geisteskranken.* Alleg. Arch. fur Pschy., 1902.?

Sahli. — *Lehrbuch der Untersuchungsmethoden.* Leipzig., 1899.

Schleisieck. — *Thèse*, Rostock, 1900.

Schott. — *On blood pressure under the influence of acute overstraining of the Heart.* New York. Med. Journ., 1902.

Schule. — *Ueber Blutdruckmessungen mit dem Tonometer von Gärtner.* Berl. Klini. Wochens. 1900.

Schaw. — *The Tonometer and its value in determining arterial Tension.* Med. News., 1901.

Sibson. — *The influence of Brigth's disease on the Heart and. arteries.* Lancet., 1874.

Sommerfeld. — *Blutdruckmessungen mit dem Gärtner'schen Tonometer.* Therap. Monatsch., 1901.

Strasbürger. — Deutch. Arch. f. Klin. Med. 1905-1907.

Strauss. — *Thèse*, Heidelberg., 1901.

Sumikawa. — *Ein Beitrag zur genese der arteriosklerose.* Beitz. zur Pathol. anat. und zur Allgem. Path., 1903.

Thayer. — *On the late of typhoïd fever on the Heart and Vessels* Amer. Journ. of the Med. Sci., 1904.

Tiegerstedt. — *Lehrbuch.*, p. 295-298.

Tiegerstedt et Johanson. — Skandinav. Arch. f. Physiol., 1889.

Tixier. — *Thèse*, Paris, 1899.

VAQUEZ. — *Hypertension artérielle*. Rap. du Cong. franç. de Méd. Paris 1901.

— *Sphygmomanomètre clinique*. Bull. Med. 1903.

VASCHIDE et LAHY. *Les données expérimentales et cliniques de la mesure de la pression sanguine*. Arch. G. Méd., 1902.

VOLKMANN. — *Die hœmatodynamik*, 1850.

WALDENBURG. — *Die Messung des pulses und des Blutdrucks am Menschen*. Arch. f. die Gesam. Physiol., 1880.

— Berlnier Klin., Wochen., 1887.

WEISS. — *Etude comparative des sphygmo*. C. R. Soc. Bio. 1897.

WEISS HUGO. — *Blutdruckmessungen mit Gârtners Tonomete*. Wiener med. Wochen., 1903.

— Mü sch. Med. Wochensch., 1900.

L. WILLIAMS. — *Etudes sur la tension artérielle. Leçons inédites*, Londres 1906.

ZADEK. — *Die Messüng des Blutdrucks am Menschen*. Zeitsch. Klin. Med., 1881.

TABLE DES MATIÈRES

INSTRUMENTATION

COMPARAISON ENTRE LES RÉSULTATS FOURNIS PAR LES DIVERS APPAREILS

Orléans, imp. H. Tessier, 56, rue des Carmes.

www.ingramcontent.com/pod-product-compliance
Lightning Source LLC
LaVergne TN
LVHW020531060726
842525LV00004B/1143